玫瑰月季栽培与病害防治全图解

刘海涛 —— 编著

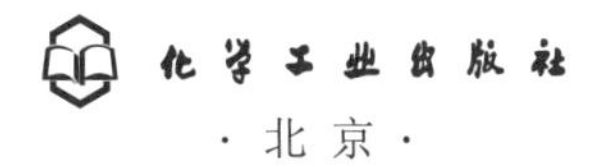

化学工业出版社
·北京·

内容简介

本书详细阐述了玫瑰、月季和蔷薇的概念及区别，并从玫瑰、月季的形态特征与生态习性、常见栽培品种、繁殖技术、露地栽培主要技术（包括园林和庭院栽培主要技术）、设施栽培主要技术、盆栽主要技术、主要病虫害及其防治等方面进行了较为全面和详细的介绍。

本书是作者 30 余年来月季生产、教学经验的总结，其内容全面，文字深入浅出、通俗易懂，配有 700 多张彩色照片（品种 260 余张，繁殖技术 90 多张，露地和设施栽培技术 50 多张，盆栽技术 80 多张，病虫害及其防治 120 余张，其他 100 余张），实用性和可操作性强。

本书适合于玫瑰、月季生产者、经销商、研究人员，高中等院校的教师和学生，家庭养花爱好者等参考阅读。

图书在版编目（CIP）数据

玫瑰月季栽培与病害防治全图解 / 刘海涛编著. 北京 : 化学工业出版社，2025. 4. -- ISBN 978-7-122-47371-4

Ⅰ. S685.12-64；S436.8-64

中国国家版本馆CIP数据核字第202502ZQ62号

责任编辑：李　丽
文字编辑：李　雪
责任校对：张茜越
装帧设计：史利平

出版发行：化学工业出版社
（北京市东城区青年湖南街 13 号　邮政编码 100011）
印　　装：河北京平诚乾印刷有限公司
850mm×1168mm　1/32　印张 8½　　字数 227 千字
2025 年 4 月北京第 1 版第 1 次印刷

购书咨询：010-64518888　　售后服务：010-64518899
网　　址：http://www.cip.com.cn
凡购买本书，如有缺损质量问题，本社销售中心负责调换。

定　　价：59.80元　

前言

月季（蔷薇属植物）在世界上有2000多年的栽培历史，长期以来都深受各国人士的喜爱。特别是自1867年西方培育出世界上首个茶香月季杂种开始，月季新品种就不断大量涌现，至今品种数量已超过3万个。月季以其优美的花形、鲜艳多彩的花色、迷人的花香和绵长的花期，成为当今世界上栽培最多的花卉之一。月季应用十分广泛，可作为鲜切花（为世界“四大切花”之一）、盆栽、园林和庭院栽培，其花和果实也可食用、泡茶、药用、提炼精油等。

月季在我国被誉为“花中皇后”，也被评为我国十大传统名花之一，我国人民一直都把月季作为吉祥、富贵和幸福的象征。当今，从东到西、从南到北，月季种植已经相当普遍，至今已经有包括北京、天津、郑州、石家庄、南昌、西安、大连等50多个城市把月季作为市花，在市花数量排位中高居榜首。在国外，月季是人们心目中的“爱情之花”，情人节最畅销的鲜花就是月季，西方国家还把月季作为和平的代表。当今英国、美国、保加利亚、伊朗等10多个国家，都把月季作为国花。

月季在我国各地都可以种植。随着人们生活水平和审美要求的不断提高，对月季各类产品的需求越来越大，月季的种植面积也随之不断增加，家庭种植月季的爱好者也越来越多。但由于对月季栽培的理论与实践知识掌握不足，不少生产者生产出的月季产品品质不高，许多爱好者也难以种植出令人满意的月季花。

笔者长期从事月季的栽培工作，掌握了较为丰富的月季栽培知识，为了与广大生产者和爱好者分享这些知识，于2023年作为第一主编编写出版了《图解月季栽培与病虫害防治》一书。该书由化学工业出版社出版后，得到了广大读者的好评，有的读者还提出了宝贵的建议。因此，笔者对该书进行了大量的补充和修改，并以《玫瑰月季栽培与病害防治全图解》为书名再次进行出版。本书将理论与实践密切结合起来，对切花和盆栽月季的商业生产和家庭栽培知识进行了全面和详细的介绍，特别是提供了大量的照片及其文字说明，能够让读者学以致用。本书中的部分图片，由刘馨慧、王剑、南北、翁如深和赵良福同志拍摄或提供，在此一并表示衷心的感谢！

由于笔者掌握的知识和经验有限，疏漏和不足之处在所难免。希望读者们继续积极提供意见或建议，以期将来本书再版时进行修改和补充。

编著者

2025年1月

目录

第五章　玫瑰和月季露地栽培主要技术

第六章　玫瑰和月季设施栽培主要技术

第七章　玫瑰和月季盆栽主要技术

第八章　玫瑰和月季主要病虫害及其防治

参考文献

第一章

玫瑰、月季和蔷薇概述

一、月季、玫瑰和蔷薇的名称来源与概念

（一）植物的分类和命名基本知识

植物的名称有两种，其中一种是普通名（common name），它是指被人们广泛接受但通常没有科学起源的植物名称。在中国，普通名一般被称为中文名或者俗名，如菊花、月季等。在以英语为母语的国家，称之为英文名，以此类推，还有德文（语）名、俄文（语）名等。普通名在园艺上很重要，被广泛应用，有些名称对花卉的识别也起到很好的作用，如中文名中的鸡冠花、狗尾红、蝴蝶兰、瓜叶菊、豹斑竹芋等，是以其花或叶片的重要形态特征来命名的。

但是，普通名在应用中也存在两个比较大的问题：第一个问题是同物异名。同一种植物，不同语言文字的国家和地区名称不一样，即使是同一种语言文字，一种植物也往往有多个名称，例如扶桑，中文名的别名还有大红花、朱槿、赤槿、花上花等。第二个问题是同名异物。例如我们一般称的九里香，是指芸香科、九里香属的九里香，然而木樨科中的桂花，也有个别名叫“九里香”。再如，我国叫“白头翁”的植物就有十几种之多。

同物异名和同名异物现象的存在，对于植物的识别、利用、交流、贸易等带来了不便和障碍，并且容易引起混淆。普通名称存在的缺点促使植物学家去设计一种连贯的命名法或命名系统。后来，由瑞典伟大的植物学家林奈（Carl von Linné，1707—1778年）将生物界分成植物和动物两届，构成了目前世界植物分类和命名系统的基础。

自然界存在的植物有约50万种之多，为了更好地认识植物，必须对其进行分类。植物学上的分类，就是根据植物的亲疏程度作为主要分类标准，把具有相似特征的植物列成相同的群体。按照植物类群范围的大小和等级，给其一定的名称，这就是分类上的各级单位。所有的植物都归入植物界（plantae），界下可分门（divisio），门以下通常又依次分为纲（classis）、目（order）、科（familia）、属（genus）、种

（species）。

植物的规范名称是学名（scientific name），又称拉丁名（latin name），也是目前全世界统一使用的植物名称。它由两个拉丁字所组成，第一个字是属名，为名词，用斜体字，首字母大写；第二个字为种名，常用形容词，也要用斜体字；后面再写出正体字的定名人的姓氏或姓氏缩写，便于考证。这种命名的方法，叫作双名法。在目前很多资料上，姓氏或姓氏缩写常被省略掉，例如小苍兰的学名为*Freesia refracta* Klatt或*Freesia refracta*。在种之下还可能存在有亚种（subspecies）、变种（varietas）或变型（forma），其中变种是最常见的，如水仙（*Narcissus tazetta* var. *chinensis*）就属于变种。有关植物命名的更多、更详细知识，可阅读由国际植物学会议（International Botanical Congress，IBC）制定的《国际植物命名法规》（International Code of Botanical Nomenclature，ICBN）中文版最新版本。

目前人们人工栽培的植物，绝大部分是通过杂交等手段培育出来的，对于这些在自然界中不可能存在的新植物，它们又是如何进行分类和命名的呢？由国际生物科学联合会（International Union of Biological Sciences，IUBS）栽培植物命名法委员会编制的《国际栽培植物命名法规》（International Code of Nomenclature for Cultivated Plants，ICNCP）对其进行了详细的规定。其要点是，栽培植物的名称以“属—种—栽培品种”三级来划分，栽培品种（cultivated variety）是本法规中所承认的最低等级单位，简称为品种（cultivar）。

品种在分类时归于种之下或属之下。对于品种的拉丁名，属名与种名的书写方式与上述一致，而品种名的书写方式则是在品种名称（非斜体、首字母大写）上加上单引号，在品种名称之后不需附列命名人。例如对于牡丹中的‘西施’品种，其拉丁名为*Paeonia suffruticosa*‘Xishi’，中文一般称为‘西施’牡丹。再如对于凤梨科的观赏凤梨品种‘火炬’，其是由*Guzmania*属（中文译为果子蔓属）中不止一个种参与杂交的杂交后代再杂交的产物，所以种名是无法明确确定的，只能直接归于属之下，其拉丁名为*Guzmania*‘Torch’，中文称‘火炬’果子蔓凤梨，或‘火炬’凤梨。对于不止一个种参与杂交的杂交后代再杂交的产物，有的则使用*hybridus*或*hybrida*（指杂交或杂交种）作为种名，前面再加上代表杂交的符号“×”（如今“×”也常常被省略）。例如目前商业栽培的唐菖蒲都是杂交品种，其亲本包括唐菖蒲属（*Gladiolus*）10个以上的原生种，所以其种名为*G.* ×*hybridus*或*G. hybridus*（同一个属，前面已经有完整的属名，后面通常可简写，即属名的第一个大写字母加上一点），‘白玉堂’唐菖蒲就写成*G. hybridus*‘Fidelio’。

对于中文的习惯，一般把品种名放在种名或属名之前，但是如今也有人把品种名放在种名或属名之后，如牡丹‘西施’、果子蔓凤梨‘火炬’、唐菖蒲‘白玉堂’等。有关栽培植物命名更多、更详细的知识，也可阅读《国际栽培植物命名法规》中文版最新版本。

另外在各国，平时对某一品种的花卉称呼也可用普通名称来代替属或种的拉丁学名，再加上品种名称，如Rose‘Peace’（也有人写成‘Peace’Rose），同样，中文一般称‘和平’月季，如今也有人称月季‘和平’。

（二）月季、玫瑰和蔷薇名称的来源

在当今的植物分类学上，有个科叫“Rosaceae”，我国植物学家把其翻译为蔷薇科，其下有个属叫“Rosa”，植物学家把其翻译为蔷薇属。因为“蔷薇”这个植物词在我国早已经存在，它在当今的植物分类学上属于蔷薇属植物且中文名里含有“蔷薇”2字的植物的通称，常见的有野蔷薇、粉团蔷薇、狗蔷薇、黄蔷薇、密刺蔷薇等，所以把“Rosa”翻译为“蔷薇属”是合适的。在英语中，有“Rose”这个植物普通名称，是指后来所有被归于蔷薇属的植物的通称。需要注意的是，普通名Rose先存在，拉丁名Rosa是后来才有的，Rose与Rosa的意思是一样的，只不过Rose是英语，Rosa是拉丁语。

但是在我国，第一个把“Rose”翻译成中文名称的，可能不太熟悉植物分类，将其翻译成为了“玫瑰”（笔者了解到有这种说法：20世纪初的新文化运动期间，大量西方文学作品被译成汉语，当时的翻译者遇到“Rose”一词，一般都翻译成“玫瑰”），这也是导致后来出现玫瑰、月季和蔷薇这三个概念争议的最主要原因。从学术的角度来说，既然Rosa已经被翻译为蔷薇属，那么把“Rose”翻译成“蔷薇”才是准确的，在许多植物上也都遵循这种一致性，如百合科百合属（*Lilium*）的百合（英文名为Lily）、杜鹃花科杜鹃花属（*Rhododendron*）的杜鹃（英文名是Rhododendron）、山茶科山茶属（*Camellia*）的山茶（英文名是Camellia）等。而在此之前，中文也早已存在“玫瑰”这个植物名称，它在当今的植物分类学上属于蔷薇属植物中一个原产于我国的种，即*R. rugosa*，又被称为刺玫、刺玫花、皱叶蔷薇、海棠花、滨茄子等，其通常一年只开一次花，花单瓣，红色或粉红色（图1-1），另外其还包括有重瓣花在内的一些变型和品种，如白花单瓣玫瑰（*R. rugosa* f. *alba*）、紫花重瓣玫瑰［*R. rugosa* f. *plena*，或者作为一个品种称为‘紫花重瓣’玫瑰（*R. rugosa*‘Plena’）］、白花重瓣玫瑰（*R. rugosa* f. *albo-plena*）、‘丰花’玫瑰（*R. rugosa*‘Feng Hua’）、‘紫枝’玫瑰（*R. rugosa*‘Purple Branch’）（图1-2）、‘唐紫’玫瑰（*R. rugosa*‘Tang Purple’）、‘苦水’玫瑰（*R. rugosa*‘Ku Shui’）、‘中天’玫瑰（*R. rugosa*‘Zhong Tian’）（图1-3）、重瓣紫色的品种‘Belle Poitevine’等。

*R. rugosa*的花朵芳香，可用于提炼精油、窨茶等，还可食用。由于蔷薇属中还有一些种和品种也有与*R. rugosa*类似的价值，例如大马士革蔷薇（突厥蔷薇，*R. damascene*）（图1-4）、白蔷薇（*R.* ×*alba*）、百叶蔷薇（*R.* ×*centifolia*）、‘朱墨双辉’月季（*R. hybrida*‘Crimson Glory’）等，所以后来根据商业上的习惯，把蔷薇属中能够提炼精油、窨茶、食用等的种类和品种也都通称为玫瑰。例如，把大马士革蔷薇称为大马士革玫瑰，把白蔷薇称为白玫瑰，把百叶蔷薇称为千叶玫瑰，把‘朱墨双辉’月季称为‘墨红’玫瑰等。

图1-1　玫瑰（*Rosa rugosa*）

图1-2　‘紫枝’玫瑰

图1-3　‘中天’玫瑰

图1-4　大马士革蔷薇

由于“Rose”一开始就被翻译成为“玫瑰”，在中国香港、中国澳门、中国台湾以及新加坡等地的华人约定俗成，一直以来不论是在民间、在商业上还是在学术上，都是把作为切花、盆栽、园林栽培等的所有蔷薇属植物称为玫瑰。广东处于我国改革开放的前沿，20世纪80年代开始引进荷兰的蔷薇属新品种进行切花生产，最开始产品都只是出口到我国港澳地区，受当地习惯的影响商业上也把其称为玫瑰，之后这种叫法也在我国其他地区逐步流传开来，因此目前商业上基本上也都称之为玫瑰，但是一直以来都没有得到学术界的认同和使用。

全世界蔷薇属约有317种，广泛分布在北纬20°～70°地区，自寒温带至亚热带，遍及亚、欧大陆及北美、北非各处，其中亚洲中部和西南部则是蔷薇属植物的分布中心。我国是世界优秀蔷薇属原始种群的发源地，蔷薇属植物约有91种，分布于华东、华中南部、西北等地，以山东、河南、江苏、安徽和新疆为代表。野生种类喜生于路旁、田边或丘陵地的灌木丛中，往往密集丛生。近200多年来，在世界上被利用于创造新品种的蔷薇属原种约有15种，其中的10种就原产于我国，如月季花［*R. chinensis*，有'月月红''月月粉'（'Old Blush'）等品种］（图1-5～图1-8）、香水月季（*R. odorata*）、玫瑰（*R. rugosa*）、野蔷薇（*R. multiflora*）、光叶蔷薇（*R. luciae*）等。

图1-5 '月月红'月季

图1-6 在福建农村种植多年的'月月红'月季

欧洲人很早就开始栽种蔷薇

图1-7 '月月粉'月季（一）

图1-8 '月月粉'月季（二）

属植物。原产于欧洲的蔷薇属种类花期短，一年只开一次花，颜色单调，花朵不大，虽经成千上万次杂交，花的特性仍然一直无法得到改良。直到17世纪末至18世纪初，欧洲人从中国引进了月季、香水月季等，把这些种类与欧洲和西亚原产的法国蔷薇（*R.* ×*gallica*）（图1-9）、大马士革蔷薇、百叶蔷薇等原种反复进行杂交，由于中国种具有一年多次反复开花、花瓣多、花香等特性，才使得杂交出来的品种花的特性发生了根本性的突破。1837年培育出了H.P.（hybrid perpetual roses）的两个品种‘Princess Helen’（‘海伦公主’）与‘Prince Albert’（‘阿尔贝王子’），到1867年首次培育出了H.T.（hybrid tea roses）第一个能够不断开花的品种‘La France’（‘天地开’）。

图1-9　法国蔷薇

在国内，“月季花”这个植物名称也很早就已经出现，取名源于其月月开花的特性，在当今的植物分类学上也归属于蔷薇属的一个种，拉丁名为*Rosa chinensis*。最早我国植物学家已经把Rosaceae翻译为蔷薇科，把Rosa翻译为蔷薇属。但是后来不知是何原因，在翻译国外有关蔷薇属植物文献资料时，专家学者竟然把“Rose”翻译成“月季”，之后也基本没有其他专家学者对此提出异议，之后的相关翻译也是如此，也就是说一直以来，在国内学术界几乎都把“Rose”译称“月季”。例如，把“modern roses”翻译为“现代月季”，把“American Rose Society”翻译为“美国月季协会”，把“hybrid tea roses”翻译为“杂种茶香月季”，把“florbunda roses”翻译为“丰花月季”，把“World Federation of Rose Societies”翻译为“世界月季联合会”等。

现代月季（modern roses）是指1867年首次育成杂种茶香月季系统（hybrid tea roses）第一个品种‘天地开’（‘La France’）以后，培育出的所有蔷薇属新品系及品种。国内外一直都在不断地进行反复、大量的杂交，现代月季至今已经成为具有超过3万个品种的品种群，是当今蔷薇属植物栽培的主体。

（三）月季、玫瑰和蔷薇的概念辨析

目前对于“月季”有狭义和广义的两类定义，狭义的月季是指*Rosa chinensis*这个种。广义的月季又可再细分为两种，第一种是指现代月季，因为都属于杂交而来，其学名中的种名一般使用*hybrida*，完整的学名是*R. hybrida*再加上品种名，如‘萨蒙莎’完整的学名为*R. hybrida* ‘Samantha’；第二种就是指蔷薇属中所有能够四季不断开花的种类品种，实际上也几乎都是现代月季品种，再加上*R. chinensis*等少数原产于我国的能够四季开花的品种，当今月季一般都是使用这种广义概念。

而目前国内对于“玫瑰”则赋予三种定义：一是指*R. rugosa*这个种，这也是学术界几乎唯一认可的概念；二是指可提炼精油、窨茶、食用等的蔷薇属所有种类品种，这个概念学术界部分人士也接受；三是指所有的蔷薇属植物，但在学术界并没有被完全接受。

至于“蔷薇”也有狭义和广义的两种含义，狭义的蔷薇是指野蔷薇（*R. multiflora*）；广义的蔷薇则是指在蔷薇属植物中，在中文名里含有“蔷薇”二字的所有种类的通称，目前普遍用的就是这种广义的概念。其实蔷薇属绝大部分原生种的中文名，都是以蔷薇为后缀来命名的，除了上述提到的各种蔷薇外，还有如印度蔷薇、弯刺蔷薇、腺齿蔷薇、西北蔷薇、阿肯色蔷薇、广东蔷薇等。实际上在极个别文献中，也把蔷薇作为是蔷薇属所有植物的通称。

由此可见，目前月季、玫瑰和蔷薇的概念是比较复杂的，对“Rose”的翻译一开始就不准确以及后来的学者翻译又不一致，是导致其复杂乃至混乱的主要原因，以至于经常有人问“月季和玫瑰怎么区分”及“这

是月季还是玫瑰”等问题，是无法用三言两语就能够解释清楚的。

根据上述辨析，学术界多用月季称呼已经是事实，但是商业上称玫瑰也已经是事实。笔者认为，普通人问“月季和玫瑰怎么区分”以及“这是月季还是玫瑰”等问题，用“现在人们所说的月季和玫瑰，二者没有什么区别，只是叫法不同而已”类似的简答就可以了。

二、品种的园艺分类

蔷薇属植物种类多，其发展历史悠久，特别是对于有3万多个品种的主要来自杂交的品种群，其中很多品种是经过成千次杂交及回交的产物。世界各国的分类学家和园艺学家创造了多种蔷薇属植物的园艺分类方法，这些方法各有利弊。英国皇家月季协会根据多年的试验，吸收其他国家分类法的优点，提出了新的分类法，1976年经世界月季联合会在英国牛津举行专门会议，对这种分类法进行了修改，1979年在南非的比勒陀利亚会议上获得批准，于是成了目前最权威的蔷薇属植物园艺分类法。此分类法中，把蔷薇属植物分为野生月季（Wild Roses）、古代月季（或古典月季，Old Garden Roses）和现代月季（Modern Garden Roses）三大类。现代月季是指1867年自世界上第一个杂种茶香月季培育出来后所有培育出来的品种。

目前现代月季品种已超过37000个，而且数目每年还在不断增加。根据杂交亲本来源与生育性状，现代月季又被分为以下六大类：

（一）杂种茶香月季

杂种茶香月季（Hybrid Tea Roses，简称为H.T.）的主要特点是：树势健壮美观，花梗挺拔，有旺盛的开花能力，大部分单枝开花，花朵硕大丰满，形态优美，花色丰富艳丽，耐寒力强。杂种茶香月季是世界上最受欢迎的月季类型，适合于展览、切花及花坛布置。作为切花的月季品种，绝大部分属于这一类型。代表品种有‘红双喜’‘百老汇’‘和平’等（图1-10）。

（二）丰花月季

丰花月季（Florbunda Roses，简称为Fl.）又称聚花月季，其主要特点是：分枝多，树形偏矮或中等高，叶和刺比杂种茶香月季略小，树形灌丛状、优美，耐寒也耐热，具有与杂种茶香月季一样的色彩丰富花形，但花径略小，且花朵成簇而集中开放。每到开花季节，丰花月季繁花似锦，色彩缤纷，群体美极佳，为极好的园林美化材料，适合于花坛布置，也适于做切花和盆栽。代表品种有'金玛丽''柔情似水''杏花村''霍尔恩'等（图1-11）。

图1-10　杂种茶香月季

图1-11　丰花月季

（三）壮花月季

壮花月季（Grandiflora Roses，简称为Gr.）又称为大姐妹月季或大花月季，是由杂种茶香月季与丰花月季杂交选育而成，其既有大型重瓣的优雅花朵，又有成簇开放的花群，能连续大量开花，抗寒性强，植株高大，超过两个亲本，长势猛壮，抗病力较强，为极好的园林美化材料，有的品种也适宜做切花。代表品种有'伊丽莎白女王''坦尼克''粉色隐士''灿烂'等（图1-12）。

图1-12　壮花月季

（四）藤蔓月季

藤蔓月季（Climbing Roses，简称为Cl.）又称藤本月季、爬藤月季，包括一年开一次花的藤蔓蔷薇和连续开花的藤蔓月季两大类。一般具有2～10米的长茎，能依附着支柱、棚架、墙垣或其他植物生长。著名品种有‘安吉拉’‘莫扎特’‘西方大地’‘读书台’‘光谱’‘大游行’‘藤和平’‘溪水’‘金色阳光’等（图1-13）。

图1-13　藤蔓月季

（五）微型月季

微型月季（Miniatures Roses，简称为Min.）为月季中最小型的品种，株高一般不超过30厘米，叶小，花小，花径一般2～3厘米，花色丰富，适于一般盆栽和小盆栽，在广东商业上常称之为“钻石玫瑰”。著名品种有‘荣誉’‘明星’‘双辉’‘金背大红’‘铃之妖精’‘果汁阳台’等（图1-14、图1-15）。

图1-14　微型月季

图1-15　盆栽微型月季

微型月季也有多种类型，如有四季成簇开花的丰花型微型月季，有长梗、单开、高心大花的杂种茶香型微型月季，有梗、蕾密被细毛的毛萼洋蔷薇，有高约15厘米、花径0.7厘米的微小型月季，还有茎长1.5～2米的藤本微型月季等。

（六）灌木月季

灌木月季（shrub roses）是一个庞杂的类群，几乎包括了上述类型所不能列入的其他多种类型的月季。灌木月季生长强健，抗性较强，适于管理粗放，在一般月季不能生长的地区也能良好地生长。

现代月季品种主要由西方国家培育，如今国内培育出来的品种也逐渐增多。在当今国内月季爱好者圈内，常常把欧洲甚至包括美国培育出来的月季品种简称为欧月，把日本培育出来的月季品种简称为日月，把我国培育出来的月季品种简称为国月，把微型月季简称为微月。

“系列”是指相互关联的成组成套的事物或现象。目前经常可以看到某某公司或育种家又推出了某系列的若干月季品种，意思是指这个系列里的各个品种是存在某些关系的，如可能是各个品种都具有某种相似的特征或适应性，也可能是各个品种的某个亲本是相同的，或者都是某个杂交组合的后代，或者都是由某个人培育出来的品种等。例如，荷兰英特普兰特（Interplant）月季公司推出的巴比伦眼睛系列（babylon eyes series），每个品种的花上都具有一个对比强烈的中心色斑，并各有其独特的色系，该系列有‘甜蜜巴比伦眼睛’（‘Sweet Babylon Eyes’）、‘阳光巴比伦眼睛’（‘Sunshine Babylon Eyes’）、‘粉彩巴比伦眼睛’（‘Pastel Babylon Eyes’）、‘时尚巴比伦眼睛’（‘Trendy Babylon Eyes’）等10余个品种（图1-16）；

图1-16　巴比伦眼睛系列中的各色月季品种

荷兰迪瑞特（De Ruiter）月季公司推出的阳台系列（terrazza series），基本上都是微型月季，主要是作盆栽在阳台上观赏的，包括‘果汁阳台’（‘Juicy Terrazza’）、‘卡门阳台’（‘Carmen Terrazza’）、‘假日阳台’（‘Fiesta Terrazza’）、‘樱桃阳台’（‘Cerise Terrazza’）等30余个品种，该公司推出的还有泡泡系列（bubbles series）、宝石系列（jewel series）、欢腾系列（ovation series）等；西班牙大陆（Plantas Continental）公司推出梅拉系列（Mayra's series），代表品种有‘白色梅拉’（‘Mayra's White’）、‘光亮梅拉’（‘Mayra's Light’）、‘红色梅拉’（‘Mayra's Red’）、粉色梅拉新娘（‘Mayra's Bridal Pink’）等；天使系列（angel series）是由日本杰出女性育种家河本纯子所推出，主要有‘加百列·大天使’（‘Gabriel’）、‘六翼天使’（‘Seraphim’）、‘拉斐尔’（也称‘治疗天使’，‘Raphael’）、‘神仆’（‘Abdiel’）、‘米迦勒天使长’（‘Michael’）、‘乌列神之焰’（‘Uriel’）、‘萨莎天使’（‘Sasha’）等。

三、用途与应用

（一）鲜切花

月季是世界上四大切花之一，在市场上长盛不衰，长期占据着国际鲜切花贸易魁首的位置，也是全球情人节最畅销的鲜花（图1-17）。例如，在世界上花卉最大的出口国——荷兰，1995年鲜切花生产中以月季名列第一，产值就已高达5.28亿美元；2002年，荷兰各个花卉拍卖市场总共拍卖月季鲜切花达32.65亿枝，其中17.63亿枝（占54%）为自产，其余的进口自非洲、南美等地。2008年，荷兰出口月季鲜切花的总值达到约12亿美元。

图1-17　月季鲜切花

世界月季切花出口大国可以分为两大类，一类是以荷兰为代表的发达国家，其利用现代化的温室以及先进的栽培技术进行生产，产品品质世界一流；另一类是以南美和非洲的哥伦比亚、墨西哥、厄瓜多尔、肯尼亚、埃塞俄比亚等发展中国家为代表，他们以热带高原优越的自然条件（全年气候温和、昼夜温差大、光照充足）为优势，利用简易的塑料大棚就可以生产出与发达国家利用现代化温室生产品质差不多的切花产品（当然品种与技术仍然主要来自发达国家），而生产成本又低很多（主要是劳动力成本），所以他们的产品在世界出口占有的比例越来越大。如2014年厄瓜多尔月季鲜花出口额达到近7亿美元，是至今出口的最大值；2020年哥伦比亚月季鲜花出口额超过3.2亿美元；2022年肯尼亚出口花卉月季鲜花近19.5万吨，收入约合7.18亿美元。

随着我国自20世纪80年代开始进行改革开放，花卉业也恢复发展。虽然只有40余年的时间，我国鲜切花的发展速度也在世界遥遥领先。在我国的各种鲜切花中，月季切花的产销量长期以来也都高居榜首。据农业农村部统计，我国2013年主要鲜切花种植面积已达54756.41公顷（1公顷=1.0×10^4米^2），销售量1651983.25万支；其中月季种植面积达14316.03公顷，销售量487589.03万支。当今全国各省、自治区和直辖市都有切花月季生产，2016年生产面积在1000公顷以上的省份有云南、广东、湖北和四川，其中云南以6209.47公顷占全国生产总面积将近5成，而销售额则达到全国总量的六成以上，出口量也高居全国第一。云南的切花月季产业之所以能够取得如此成就，最重要的是其具有类似热带高原这种优越的自然条件。

（二）盆栽

月季也是世界上盆栽观赏的重要花卉。近10多年来，由于对国外特别适合小盆栽的微型月季新品种的引进和推广，盆栽月季的产量快速增长。还有人把月季培育成月季盆景、树桩月季、月季树、笼状月季、根部裸露造型等造型月季（图1-18～图1-27）。

图1-18　盆栽月季的展示销售

图1-19　盆栽月季（根部造型）

图1-20　老蔷薇树桩盆景

图1-21　盆栽月季树

图1-22　盆栽微型月季树

图1-23　插立柱盆栽微型月季

图1-24　微型月季盆景

图1-25　老树桩嫁接微型月季盆景

图1-26　基部茎秆组成笼状月季

图1-27　根部裸露造型月季

月季属于灌木，目前国内也流行把其栽培成树状的“月季树”。月季树又称树状月季、树月、小高杆月季、高杆月季树、小月季树等，是指把蔷薇属的一些粗生种类（如野蔷薇、山木香、无刺蔷薇等）培养成具有一个直立粗壮树干的植株，在树干上面再嫁接一个或多个月季品种而培育出来的一种月季新型植株类型。月季树经过修剪成形后，远看像一个大的棒棒糖，因此后来就有了“棒棒糖月季”这个名字。月季树有圆球形、扇面形、瀑布形等，造型独特多样、高贵典雅、层次分明，观赏价值更高，适应性强，更不容易感染病虫害，作为盆栽或用于多种绿化上都能起到画龙点睛的美化效果。当今使用微型品种嫁接的微型月季树也日益受到欢迎。

（三）园林应用

月季除具有极大的观赏价值外，其株形及大小变化也很大，特别在国外，月季是重要的园林布置材料，用途极广，可作为构成庭园的主景和衬景，作为沿墙的花篱和镶边，作有色地被和花坛镶边，作花墙、花柱、栅栏等。目前在国内许多地方，也把月季广泛应用于公园、道路、旅游区、校园、住宅小区等美化观赏（图1-28～图1-44）。

图1-28　微型月季在花境边缘种植

图1-29　月季在墙边种植

图1-30　藤蔓月季棚架种植（美国）

图1-31　月季片植观赏

图1-32　月季树孤植点缀

图1-33　月季路边种植作绿篱

图1-34　微型月季地被与月季树

图1-35　月季在花境边缘丛植

图1-36　藤蔓月季作花墙

图1-37　藤蔓月季作拱门

图1-38　藤蔓月季作栅栏

图1-39　微型月季道路边缘种植

图1-40　月季在建筑物外容器种植（美国）

图1-41　月季在绿地孤植（美国）

图1-42　月季在道路中间的分隔带种植

图1-43　绿地中的丰花月季（美国）

目前国内许多地方都有生产各类月季种苗的企业，种苗主要供应当地和附近地区的市场。从全国来说，作为月季种苗繁育基地知名度较高的有两个地方：山东省的莱州市和河南省的南阳市。在莱州，人们栽培月季已有600多年的历史，而且日益普及。1987年，莱州建成了占地0.75公顷的莱州月季园。1988年随着莱州市的成立，月季也被确定为市花。1990年4月在首都人民大会堂举行的首届“百家中国特产之乡”命名大会上，莱州市被命名为“中国月季花之都”。自此，每年5月25日也被定为了“莱州月季花节”，如今莱州月季花节已成为具有浓郁地方特色、全民参与度高、享誉国内外的文化盛会。2010年，“莱州月季”被国家工商行政管理总局（现国家市场监督管理总局）商标局正式注册为地理标志证明商标，而且莱州还建成了占地300余亩（1亩=667平方米）的中华月季园。目前莱州年产月季1600多万株，畅销全国29个省（自治区、直辖市），出口至欧美、日、韩、港澳等国家和地区，是我国北方最大的月季种苗生产基地。

图1-44　月季在庭院种植

相传神农时代野生月季已被广泛种植。自汉代以来，南阳的王室贵族开始在庭院种植月季，后流传至民间，至明清南阳月季种植已经十分兴盛。自改革开放以来，南阳十分重视并积极发展月季产业。1995年，南阳把月季作为市花。2000年，南阳市被国家林业局和中国花卉协会命名为“中国月季之乡”。从2010年开始，南阳每年都举办一次中国南阳月季文化节。2010年南阳建成了占地1000余亩的月季博览园，之后该园被中国月季协会授予“中国月季园”称号，也成为国家AAA级旅游景区，还被国内外专家誉为“中国最美的月季园”。2019年，南阳举办了世界月季洲际大会，还建成了月季专题游园——世界月季大观园。该大观园总占地面积约3200亩，共种植各类月季180余万株、6100多个品种，是当今全国和全球面积最大、全国品种数量最多的月季公园或专类园，还被世界月季联合会授予“世界月季名园”称号，成为国家AAAA级旅游景区。2023年，南阳举办了首届世界月季博览会，该博览会是经世界月季联合会批准设立，并永久落户南阳的国际性月季展会，2024年4月28日至5月5日举办了第二届。目前南阳是全国最大的月季种苗繁育基地，种植面积达15.5万亩，年出圃种苗16亿株，占国内市场约80%，同时远销德国、荷兰等20多个国家和地区，出口量占全国出口量的70%。

（四）食用

蔷薇的花朵和果实可食用，果实称为蔷薇果或玫瑰果（商业上可食用的种类品种通称玫瑰），成熟果实味酸甜。据报道，在美国公认白蔷薇、百叶蔷薇、大马士革蔷薇和法国蔷薇食用是安全的。玫瑰果中的维生素C含量为植物果实之冠，号称“维生素纪录保持者”及“维生素C之王”。根据测定，每百克玫瑰鲜果可食部分维生素C的含量达到6810～8300毫克，是柑橘的220倍、苹果的1360倍、黑茶藨子的26倍、草莓的190倍、红豆的213倍、猕猴桃的130倍。2～3个玫瑰果就能够满足人体一昼夜对维生素C的需要，一罐500克的刺玫果酱的维生素C含量即可保证军队一个连队战士全天的需要。此外，玫瑰果中还含有维生素A、维生素B_2、胡萝卜素、类黄酮、果酸、单宁酸、果胶、糖类、氨基酸、人体必需脂肪酸、矿物质元素等，其矿物质元素中的钙、铁、锌、硒等的含量在水果中也位居前列。因此，玫瑰果在国外一直被作为食品或药品使用，而在土耳其早就将其作为日常生活的水果来食用。在玫瑰花瓣中，也含有大量的维生素，以及蛋白质、氨基酸、脂肪、矿物质元素、多种香酚等物质。

当今在许多国家和地区，玫瑰花瓣和果实的加工产品已渗入人们的日常生活中，如高级维生素C糖浆、玫瑰露、玫瑰酒、玫瑰蜜、玫瑰果酱、玫瑰果脯、玫瑰果冻、玫瑰果汁、各种玫瑰果饮料（特别是高级保健和运动饮料）、玫瑰黄油、玫瑰蛋糕、玫瑰香皂、玫瑰皮肤清凉剂、玫瑰冷霜、玫瑰面膜等。

原产于我国的玫瑰（*R. rugosa*）栽培历史悠久，据《西京杂记》记载汉代即有栽培，南宋以来已广泛用于制作糕点。位于北京市门头沟区的妙峰山镇，栽培玫瑰已有几百年的历史，以'紫枝'玫瑰为主。被誉为"中国的玫瑰之乡"的妙峰山，其种植的玫瑰花除了观赏外，还可用于提取精油、窨茶、酿酒、入药、食用、制酱等，成熟的果实还可食用。其最负盛名的就是用玫瑰花提炼制成的玫瑰油，而曾在巴黎国际博览会上荣获金奖的玫瑰露酒也名扬已久，其酒色晶莹剔透，味道让人唇齿留香，另外玫瑰酱、玫瑰饼、炸玫瑰等也独具特色。而用玫瑰花与黄芩配制的玫瑰黄芩茶，茶汤金黄，口感绵软，具有清肝解瘀、祛火、美容等功效。2011年，原农业部（现农业农村部）批准对"妙峰山玫瑰"实施农产品地理标志登记保护。

在云南，相传在300多年前的清代，一位制饼师傅发明了用玫瑰鲜花制作的饼。玫瑰鲜花饼风味独特，据说还成为了宫廷御点，深得乾隆皇帝喜爱。当今在云南的安宁市，用'滇虹'玫瑰（图1-45）和'墨红'玫瑰（'朱墨双辉'月季，图1-46）花瓣制作的玫瑰鲜花

图1-45 '滇虹'玫瑰

图1-46 '墨红'玫瑰（'朱墨双辉'月季）

饼，深受当地人及游客们的喜爱。此外，当地还开发出玫瑰糖、玫瑰酒、玫瑰醋、玫瑰酱、玫瑰含片、玫瑰原汁饮料等众多产品；还把花瓣作为菜肴，创造出了“出水芙蓉”“凤凰于飞”“蓝色妖姬”“沉鱼落雁”“闭月羞花”等富有诗情画意名称的菜品；还有人把玫瑰花瓣煮粥食用。

（五）窨茶和泡开水

蔷薇属的花朵可用于窨茶，玫瑰花茶就是中国再加工茶类中花茶的一种，是由茶叶和玫瑰鲜花窨制而成的。西方也流行喝“花茶”，但并不像我国的花茶是把茶叶加鲜花来配伍的，他们所谓的“花茶”，其实是把植物的干花朵直接用开水冲泡而成的“花饮”。近十多年来“花饮”也开始在我国特别是在年轻女士人群中流行，被称为花草茶、花冠茶，甚至叫养生茶，其中月季花就是主要的一种，称为玫瑰茶。在我国生产用于泡水喝的月季花蕾产品中，云南用‘金边’玫瑰（*R. rugosa* ‘Phnom Penh’，图1-47）生产出的产品在全国名气很大。‘金边’玫瑰成熟植株高度一般在1米左右，花朵较小，以多头形式开放，颜色为红色，因每个花萼边上均有两条黄白色的细边而得名，被专门用于生产泡水喝的干花蕾。根据资料介绍，玫瑰茶具有美容养颜、调节女性内分泌系统、理气养血、促进消化、疏肝祛火等作用。而据史书记载，武则天每天早晨都要饮用玫瑰花露，睡前还坚持用新鲜的玫瑰花瓣来敷面。

图1-47 ‘金边’玫瑰

国外很早也把玫瑰果直接用于泡水喝，称为玫瑰果茶，而在玫瑰果中加入芙蓉花和蜂蜜，是一种常用的水果茶配方。由于是硬果类花茶材料，浸泡时间需10～15分钟才能充分释放出香气与味道。因为玫瑰果富含维生素C，奠定了玫瑰果在美容界的广泛应用。玫瑰果茶不但可美容养颜，还具有预防感冒、通便利尿等功效。

（六）玫瑰精油和玫瑰纯露

蔷薇属中不少种类品种的花朵含芳香成分很高，将其提炼出来的精（华）油称rose oil，中文翻译为玫瑰油或玫瑰精油。玫瑰油是世界上最昂贵的精油之一，有“精油之后”及“液体黄金”之称，是世界生产高级香料、高档化妆品等不可取代的原料。玫瑰油在市场上售价相当于黄金，甚至高于黄金，常见用于提炼精油的种类品种有大马士革蔷薇、白蔷薇、百叶蔷薇、‘苦水’玫瑰、‘紫枝’玫瑰、‘中天’玫瑰、‘丰花’玫瑰、‘朱墨双辉’月季等，因此人们称这些“玫瑰花”为“金花”。世界上最早用于提炼精油的种类就是大马士革蔷薇，目前世界上种植用于提炼精油最多的也仍然是大马士革蔷薇，其作为世界公认的优质种类，被誉为“玫瑰皇后”。大马士革蔷薇需要约3500千克的花瓣（大概140万朵花），才能够提炼出1千克的精油，一滴精油需要约67朵花提炼（还有资料如此介绍：2750朵大马士革蔷薇仅能萃取一滴纯净精油；大马士革蔷薇的出油率为0.036%，高出大多数玫瑰品种，生产1升的玫瑰精油需要4万千克玫瑰），由此也可以理解为什么玫瑰油会如此珍贵。保加利亚的环境很适应玫瑰的生长，也因盛产玫瑰而有“玫瑰之国”之称，全国玫瑰种植面积约3000公顷，近十年来玫瑰油年产量在1.5～2吨，90%以上用于出口，产量、质量和出口量均高居世界第一，其种植的主要也是大马士革蔷薇。

当今，在我国有“中国玫瑰之乡”和“中国玫瑰之都”之称的山东省平阴县、甘肃省永登县（该县苦水镇也有“中国玫瑰之乡”之称）、北京的妙峰山等，是生产这些提炼精油和浸膏的玫瑰花最出名的地方，它们也生产用于泡茶的干花蕾。

在平阴县，政府对玫瑰产业的发展十分重视，并积极引导打造完整的产业链及全品类品牌体系，已经形成了以食品、药品、化工、饮用、酿酒、香料、化妆品等为主要支撑的加工体系。目前平阴已经收集有国内外玫瑰种类品种50余个，种植面积达6万余亩，年产玫瑰鲜花（蕾）两万余吨，开发出的玫瑰产品有130余种，畅销海内外10多个国家和地区（图1-48～图1-50）。平阴玫瑰是药食同源的地理标志产品，2020年平阴玫瑰品牌价值达27.92亿元，连续两年晋级全国区域品牌（地理标志产品）百强榜。

图1-48　大规模种植的玫瑰

原产于我国的玫瑰（*R. rugosa*）也拥有蔷薇属植物原种之中最强烈的香气之一，其在我国也被广泛栽培用于提取精油，但是其香型较冲，不如大马士革蔷薇的香型醇厚，在国际市场上不太受认可。

图1-49　采收的玫瑰花蕾

玫瑰纯露又称玫瑰露、玫瑰水精油、玫瑰花水、玫瑰水，是蒸馏法提炼玫瑰精油时分离出来的一种100%饱和的蒸馏原液，也就是提炼精油后的副产品。玫瑰在提炼蒸馏的过程中油水会分离，油在上水在下，下面的水就是纯露。其不仅保留了清淡的玫瑰香气（含微量的精油），还含有许多

图1-50　‘丰花一号’玫瑰（‘平阴一号’玫瑰）

玫瑰花中的水溶性成分，具有补水保湿、延缓皮肤衰老、消炎杀菌、抗过敏、止痒等作用，可用于护肤、美容、护发、保健等，有的产品还可以直接食用。目前市场上国产和进口的产品都有。

（七）药用

从我国中医学角度来说，玫瑰（*R. rugosa*）的花瓣和花蕾也具有药用价值，其味甘、微苦，性温，无毒，归肝、脾经，具有理气解郁、和血调经之功效，可用于治疗肝气郁结所致胸膈满闷、脘胁胀痛、乳房作胀、月经不调、痢疾、泄泻、带下、跌打损伤、痈肿等症。民间有用玫瑰花加糖冲开水服，以行气活血；用玫瑰花泡酒服，可舒筋活血、治关节疼痛等。

我国很早也有把玫瑰露用于保健治病的记载。见《本草纲目拾遗》《金氏药贴》等。

（八）关于广东省中山市小榄镇的荼薇

荼薇（tú wēi）是广东省中山市小榄镇从国外引进的一种蔷薇属植物，在当地栽培和应用历史悠久，因此在此特别列出进行简要介绍。

据中山市小榄镇的地方史志记载，荼薇源自外国贡品“酴醾（tú mí）露”，荼薇原产于西域波斯（今高加索一带）。大约在明朝中期，象山县的濠镜澳（即今澳门）成了当时的国际贸易集散地，荼薇也被小榄镇引进种植。明末的《草木识》中记载，荼薇春季开花，花粉红色，重瓣，状如牡丹，具浓郁的花香（图1-51～图1-53）。

经鉴定，荼薇属于玫瑰（*Rosa rugosa*）的变型：*R. rugosa* f. *plena* (Regel) Byhouwer，专业称谓是紫花重瓣玫瑰。从多方面来看，笔者对此鉴定结果存在异议。前面已有叙，玫瑰（*R. rugosa*）原产于我国，而且在我国栽培历史悠久，其还有包括紫花重瓣玫瑰（*R. rugosa* f. *plena*）（图1-54）在内的一些变型和品种。虽然从形态特征来看荼薇与紫花重瓣玫瑰相似，但如果荼薇就是紫花重瓣玫瑰，小榄镇就没有必要从国外引进种植了。

图1-51　茶薇（一）

图1-52　茶薇（二）

图1-53　采收茶薇花

图1-54　紫花重瓣玫瑰

茶薇原产于波斯（即现在的伊朗），伊朗是蔷薇科蔷薇属突厥蔷薇（*R. damascena*）原产地和最早进行人工栽培的地区，伊朗的国花也是突厥蔷薇。在后来中世纪，突厥蔷薇被带到叙利亚大马士革并被广泛种植。之后突厥蔷薇传至欧洲，当时的欧洲人只知道这种蔷薇属植物来自大马士革，于是大马士革蔷薇（玫瑰）（图1-55）的名字就这样被传播开来。当今世界最出名的玫瑰油产地保加利亚，其主要种植的就是大马士革蔷薇。伊朗大马士革蔷薇具体发源于首都德黑兰南部的小城卡尚，卡尚栽培大马士革蔷薇的历史十分悠久，其药用纯露的历史就超过3000年，用蒸馏的方法提炼玫瑰油也是在伊朗首创。目前世界种植大马士革蔷薇最多的是伊朗，全国种植面积超过15000公顷，而卡尚地区就有5000公顷，有“玫瑰之乡”的美誉，当地生产的玫瑰花茶、玫瑰露、玫瑰精油、玫瑰香水等名扬世界（图1-56）。

图1-55　大马士革蔷薇

图1-56　伊朗卡尚地区种植的大马士革蔷薇

荼薇是从伊朗传来，而伊朗并没有玫瑰，而是大马士革蔷薇的原产地，也是世界最早和最大的大马士革蔷薇商业种植国。从基本形态特征和用途来看，荼薇与大马士革蔷薇也十分相似。综合以上几方面，笔者认为，荼薇更像是大马士革蔷薇，而不是原产于我国的紫花重瓣玫瑰。

（九）永生玫瑰

永生花（preserved fresh flower）也叫保鲜花、生态花，国外又叫“永不凋谢的鲜花”，是把月季、康乃馨、蝴蝶兰、绣球等鲜花，经过脱水、脱色、烘干、染色等一系列复杂工序加工而成的花。永生花无毒无害，其色泽、形状和手感几乎与鲜花无异，保持了鲜花的特质，还可以染上其他各种颜色，而保存时间一般可达3～5年，且用途更为广泛。永生花不同于干花，永生花里保有鲜花本身的组织、水分和颜色，而干花内部不存有水分，颜色也跟鲜花有区别。

永生花自20世纪在德国出现后，虽然价格昂贵，但是一直受到西方国家白领阶层和上流消费者们的追捧。当今我国云南也生产永生花，产品有月季、绣球、苔藓、马蹄莲、康乃馨、兰花、百合花、满天星等。用月季做成的永生花，商业上都叫永生玫瑰。月季切花出口大国往往也是永生玫瑰出口大国，如厄瓜多尔2021年永生玫瑰出口额已达到约3000万美元（图1-57）。

图1-57　永生玫瑰

四、历史与文化

（一）中国

月季（蔷薇属植物）深受人们的喜爱，具有2000多年的栽培历史，是目前国内栽培与应用最普遍的花卉之一。公元前413年的春秋末期，孔子在周游列国时，就曾对当时王宫花园中栽培的月季作过记述。在战国时期，楚国人民就已经种植月季。根据新的考古发现，月季花是华夏先民北方系的图腾植物。汉朝时宫廷花园中大量栽培月季，唐朝时更为普遍。宋朝时期，月季更加兴盛一时，从皇室到民间竞相栽培观赏。在当今时代，我国人民种植月季已经相当普遍了，至今已经有包括北京、天津、郑州、石家庄、南昌、西安、大连、青岛等50多个城市把月季作为市花，在各种市花中高居榜首。

月季被誉为“花中皇后”，作为我国十大传统名花之一，我国人民一直都把它作为吉祥、富贵、幸福之花来看待。长期以来，许多文人雅士为月季留下了赞美的诗句佳作，月季花也得到不少画家的喜爱，（图1-58～图1-60）。在各种陶瓷制品、木雕、布料、刺绣、玉石、首饰、乐器等上面，都可以见到用月季花来作为图案（图1-61～图1-63）。

1984年，我国邮电部为了展示中国丰富的蔷薇属植物资源，特别发

图1-58　居廉画作《月季图》

图1-59　陆抑非画作《月季》

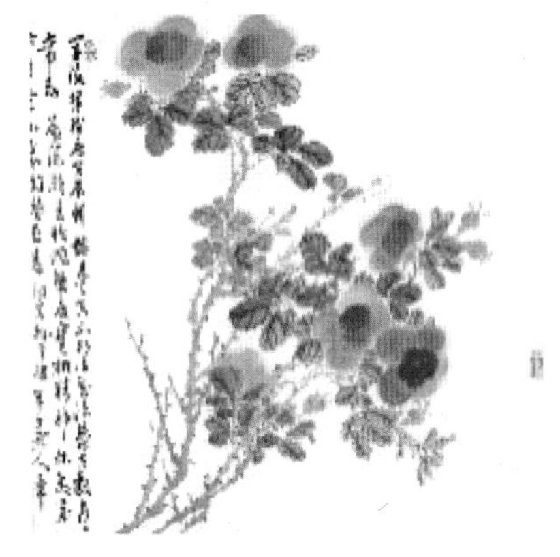

图1-60　陈半丁画作《月季花》

图1-61　元代瓷器上的月季花

图1-62　清代瓷器上的月季花

图1-63　清代珐琅彩月季花纹盘

行了特种邮票《月季花》(T.93)，全套6枚，分别描绘的是我国自己培育出来的月季新品种‘上海之春’‘浦江朝霞’‘珍珠’‘黑旋风’‘战地黄花’和‘青凤’(图1-64)。1997年，为了增进中国和新西兰之间的友好关系，我国邮电部和新西兰邮政部门又联合发行了志号为1997-17的纪念邮票《花卉》，全套2枚，分别描绘了中国的玫瑰花［北京妙峰山的玫瑰(*R. rugosa*)重瓣品种］和新西兰的月季花(品种为‘白云之乡’)(图1-65)。2020年，中国邮政再次发行了志号为2020-10《玫瑰》的特种邮票一套4枚，邮票图案名称分别为玫瑰、单瓣粉玫瑰、重瓣白玫瑰和重瓣紫玫瑰(图1-66)。

在我国民间，因月季四季也能常开而被视为祥瑞的象征，有“四季平安”的寓意；把鲜花插在花瓶中，有“吉祥平安”之意

图1-64　特种邮票《月季花》(T.93)

图1-65　纪念邮票《花卉》(1997-17)

（“瓶”谐音“平”）；月季（古代也叫长春花）与牡丹组合图案的吉祥画，有“四季常春”“富贵长春”之意蕴；月季花常与寿桃、灵芝、仙鹤、梅鹿等一起出现，是经典的祝寿吉祥纹饰。

图1-66　特种邮票《玫瑰》(2020-10)

目前月季切花也已成为我国人民日常特别是春节期间最喜欢购买的花材之一，常用大花瓶与唐菖蒲、大丽花、菊花、百合、银柳、梅花等插在一起，或者把月季不同花色的品种插在一起，寓意新的一年大富大贵、大吉大利（图1-67、图1-68）。月季还是情人节之花，在情人节期间月季畅销国内外。

图1-67　明代陈洪绶《瓶花图》

（图中为梅花与月季花）

图1-68　月季瓶插图

（二）外国

玫瑰（商业上的概念即蔷薇属植物）在国外的利用和栽培历史十分悠久。考古学家在古埃及的古墓中，就发现有公元前14世纪的玫瑰图案，部分楔形文字也记载着古埃及利用玫瑰的资料。

玫瑰在希腊神话中是万神之王宙斯所创造的杰作，用来向诸神夸耀自己的能力。2300年以前，古希腊重要商业城市罗德岛（Rhodes）便有盛产玫瑰的美名，罗德便是古希腊语玫瑰的意思。生活于公元前371～公元前287年的古希腊科学家狄奥弗拉斯，整理了古希腊已知的玫瑰种类品种，描述有5～100片不等的花瓣数目，这是人类已知的第一个有关玫瑰植物形态的描述。

情人节送玫瑰花的由来，也与希腊一个古老的神话传说有关。在希腊神话中，爱神阿佛洛狄忒美貌过人，受到了无数爱慕者的追捧，宙斯也是其中的爱慕者之一，但是他们都遭到了阿佛洛狄忒的拒绝，因为阿佛洛狄忒爱的是人类阿多尼斯。宙斯因此怀恨在心，便让她与相貌丑陋而且身有残疾的火神赫菲斯托斯结为夫妻。阿多尼斯是一位十分喜爱打猎的少年，有一次他出去打猎不幸被一头凶猛的野猪所攻击，腿的大动脉被咬断，痛苦地倒在了地上。阿佛洛狄忒从远方听见阿多尼斯的惨叫声，就着急地奔去救他，因为山谷里长满了白玫瑰，枝条上的刺不断地划破她的脚，鲜血也因此洒了一路。阿多尼斯最后还是不幸去世，而山谷里那些染上阿佛洛狄忒鲜血的白玫瑰则开出了红花，变为了红玫瑰。人们对这段神话故事非常感动，因此红玫瑰也就被看作是爱情的象征，通常在情人节时会赠送一枝红玫瑰来表达对爱人的情感。

在距今2000余年的古罗马时代，人们也对玫瑰十分喜爱。罗马帝国无论是节日庆典还是婚丧礼仪，均用玫瑰作装饰，贵族们家中也建有玫瑰园。占用麦田和果园种植玫瑰，一度成为令政府大为头疼的事。甚至产生了一个特殊的行业：玫瑰花环编制者。还开设了独一无二的玫瑰交易所，有专职从事玫瑰交易的经纪人。罗马人对待玫瑰的态度影响了早期的基督徒们，几百年后神父宣布玫瑰为天国之花。

在欧洲随着中世纪战争，中东地区的蔷薇属植物被带到欧洲。14～16世纪的欧洲文艺复兴时期，玫瑰得到人们的重视，并成为美好事物的象征，许多贵族以玫瑰图案作为族徽。1455～1485年，英国发生了著名的玫瑰战争（Wars of the Roses，也被翻译为蔷薇战争），是英王爱德华三世（1327～1377年在位）的两支后裔——兰开斯特家族和约克家族的支持者，为了争夺英格兰王位而发生的断续内战。此名称源于两个家族所选的家徽：兰开斯特的红色法国蔷薇（*R.×gallica*）和约克的白蔷薇（*R.×alba*）。为了纪念这次战争，英格兰以玫瑰为国花，并把皇室徽章改为红白玫瑰。

大约在10世纪，欧洲人才看到画上的中国蔷薇属植物，称之为“China rose”。16世纪意大利开始种植China rose，画家布隆奇画过一幅爱神丘比特的画像，就是手持了一枝粉色的China rose。拿破仑夫人约瑟芬皇后对玫瑰十分喜爱，1799年约瑟芬在巴黎南郊购买了一处英式庄园，这便是后来举世闻名的“植物化石馆”——马尔梅森城堡。城堡里拥有大量从世界各地引进的奇花异草，其中包括来自中国的蔷薇属种类品种共242个、3万多株，种类品种数量当时堪称世界之最。

当时欧洲人也在进行蔷薇属植物的杂交育种，但是没有太大进展。直到17世纪末至18世纪初，欧洲人引进了中国的种类品种，才使得杂交出来的品种花特性发生了根本性的突破。随着现代月季的出现，欧洲和世界的玫瑰也产生翻天覆地的变化，玫瑰也成为世界上深受人们喜爱的花卉之一。

1939年德国育种家弗朗西斯·梅朗培育出了一个玫瑰新品种，为避免法西斯破坏，他以代号33540将其从法国寄到美国。1945年4月29日，美国太平洋月季协会正式将这个品种命名为‘和平’，这一天联军攻克柏林，希特勒灭亡。联合国成立后的第一届会议在美国旧金山召开，美国月季协会秘书长雷奥伦给49位联合国代表每人赠送一枝‘和平’玫瑰，并在花束上附言：“我们希望以此，促进维护持续的世界和平。”从此，玫瑰在世界上就又成了和平幸福的代表和象征。

优雅的花形、鲜艳多彩的花色、迷人的花香以及开花不断的特点，还是爱情之花、和平之花，使得玫瑰长期以来深受世界人民的喜爱，成为目前世界栽培与应用最普遍的一种花卉。当今英国、美国、保加利亚、卢森堡、摩洛哥、伊朗、伊拉克、叙利亚、罗马尼亚、马尔代夫、捷克、斯洛伐克等国家，还都把玫瑰作为自己的国花。芬兰的国徽上还有九朵白色玫瑰花，分别代表组成芬兰的九个省。至今世界各国所发行的玫瑰花邮票，更是数不胜数。

从古至今，从国外到国内，有关玫瑰的传说、寓意、象征、风俗、标志、雕刻、雕塑、饰纹、诗歌、绘画、邮票、加工产品等不计其数，构成了丰富的玫瑰文化。玫瑰早已超越植物学的领域，成为一个内涵繁复的文化符号，成为人类历史的一部分。

第二章

玫瑰和月季形态特征与生态习性

一、形态特征

在植物学上，对月季的介绍基本是：直立、蔓延或攀缘灌木，在寒冷地区冬季落叶，多数被有皮刺、针刺或刺毛。叶互生，奇数羽状复叶，稀单叶。花单生或呈伞房状，稀复伞房状或圆锥状花序；萼片5，稀4；花单瓣、半重瓣与重瓣都有，单瓣花花瓣5，稀4，重瓣花花瓣覆瓦状排列；花色十分丰富，有红、粉、橙、黄、白、紫等，还有双色、多色、混色等；雄蕊多数，分为数轮，着生在花盘周围；心皮多数，稀少数，着生在萼筒内，无柄，极稀有柄，离生；花柱顶生至侧生，外伸，离生或上部合生；胚珠单生，下垂。瘦果木质，多数，稀少数，单生在肉质萼筒内，形成蔷薇果；种子下垂。染色体基数x=7。

下面对月季的各主要器官进行更详细的补充介绍。

（一）根

在园艺学上，用种子繁殖而来的苗称为实生苗或播种苗，用扦插、分株、压条等方法繁殖而来的苗称为自根苗。月季实生苗具有明显的主根和较强的侧根，根系分布更深更广，适应性和生活力强，寿命较长。月季自根苗的根为不定根，不如实生苗根系那么发达，适应性和生活力不如实生苗根强。同是不定根，野生种的适应性和生活力通常又要比栽培品种的更强。

根的主要作用除固定植株外，还要从土壤中吸收水、肥、气给根系供植株生长利用。根系吸收水肥的部位，主要是在根尖处长有的很多细小茸毛——根毛的那一段。

（二）茎

月季的茎呈圆形，初生的茎多显紫红色，随着嫩叶放平逐渐变绿，进一步发育后转为青绿色。当年生的枝条，茎一般均为青绿色而富有光泽。2年生以上的枝条，茎逐渐变为灰白色，同时光泽消失而显得粗糙。

在茎上，除了少数种类品种光滑无刺外，大多数都长有尖硬的皮刺，因种类品种不同，有密刺、多刺和少刺之分。

茎上长叶的部位叫节，相邻两个节之间的部分，叫作节间。茎的顶端和叶腋处（即叶与茎相交的内角）都长有芽，芽是未发育的枝或花和花序的原始体。茎顶的芽叫顶芽，叶腋处的芽叫腋芽或侧芽。通常花下1～5个复叶处的侧芽是尖的，发出的花枝短，有6～9个复叶，现蕾早，通常15～18天，花朵小；枝条中部（花下6～9个复叶处）的侧芽为圆形，圆芽发出的花枝长，有13～16个复叶，现蕾时间较长，花朵大；枝条基部芽眼是平的，芽活性低，发枝慢，易发徒长枝，花枝现蕾时间更长。

月季有时候会在植株下部长出特别粗长的枝条，远远高于其他枝条，其生长很快、节间长，称为徒长枝，而且其一般不开花（图2-1）。在栽培时如果出现这种徒长枝，需要尽快剪掉，以节省养分和保持株型。

图2-1　徒长枝

（三）叶

月季的叶为奇数的羽状复叶（在叶柄上着生两个以上完全独立的小叶，这样的叶称为复叶，复叶的叶柄叫总叶柄，小叶的叶柄叫小叶柄，长着小叶的部分称为叶轴，羽状复叶的小叶排列于叶轴的两侧呈羽毛状），互生（每个茎节上只生一个叶子），托叶与叶柄合生，小叶数一般为3～7个（图2-2），多数为5～7个（5个

图2-2　羽状复叶

更多），有的品种多达9 ～ 11个，快开花时枝条上部（或者花下）一般有2 ～ 3个小叶数为3个的羽状复叶（图2-3）。

小叶叶片的形状有卵圆形、椭圆形、倒卵形、广披针形等，叶缘有锯齿。叶脉网状。多数品种新发的嫩叶呈暗红或紫红色（图2-4）。成熟的叶，叶色一般有淡绿色、中等绿色、深绿色和褐绿色之分。多数品种叶面上有光泽；有些品种的叶完全无光泽；有些品种则介于有光泽和无光泽之间称为半光泽；有些品种则叶脉深陷，使叶表变成多皱纹的特征。

图2-3　花下有3个具3小叶的复叶

图2-4　新发的嫩叶呈紫红色

（四）花

月季的花属于完全花（花萼、花冠、雄蕊和雌蕊四部分俱全的叫完全花），着生于枝顶，有些品种为单生（在茎枝顶上只生一朵花），有些则是数朵花分布成伞房状（图2-5 ～图2-7），花托半球形或椭圆形，萼片羽毛状，一般5裂。花瓣离瓣，瓣数因品种差异很大，少的一般只有5瓣，多的在40瓣以上。仅有一层花瓣的花称为单瓣花，具有两层及两层花瓣以上的称为重瓣花，花瓣超过一层但不及两层的称为半重瓣花。一般切花品种都为重瓣，花瓣数以21 ～ 39瓣为宜（图2-8 ～图2-10）。

月季花瓣的颜色丰富多彩，可分为单色、双色、多种色、混色、条纹及花心异色等。单色有红、粉、橙、黄、白、紫等，有的还有深、浅

图2-5　单生花

图2-6　数朵花分布成伞房状

图2-7　花朵密集成伞房状的微型月季品种

图2-8　单瓣花

图2-9　半重瓣花

图2-10　重瓣花

之分，大多数月季品种都为单色。双色是指每片花瓣正面与反面的颜色明显不同（图2-11），如‘摩纳哥公主’（‘Princesse de Monaco’）、‘热塔马利’（‘Hot Tamale’）、‘古典美’（‘Classic Beauty’）、‘奶香昔可’（‘Creamsicle’）、‘老夫子’（‘Old Master’）等。多色是指花瓣色彩随着时间的推移而有明显的变化（图2-12、图2-13），如‘荣光’（‘Eiko’）、‘光谱’（‘Spectra’）、‘詹森’（‘罗斯曼尼·詹森’，‘Rosomane Janon’）、‘果汁阳台’（‘果汁’，‘Juicy Terrazza’）、‘捉迷藏’（‘躲躲藏藏’，‘Cache Cache’）、‘单顶’（‘Tancho’）、‘遥远的鼓声’（‘Distant Drums’）、‘铜管乐队’（‘Brass Band’）等。像‘光谱’品种，在不同时期花朵颜色不一，其花色多为黄红混合，有时可呈一株多色，到花期结束花色会变为浅白色；又如‘化装舞会’品种，花初放时金黄色，逐渐变成橙粉红，最后变成暗红，在一束花内同一时间可出现几种颜色。混色或复色，是指在每一花瓣的里面或边缘有两种或多种不同的颜色，如‘红双喜’（‘Double Delight’）

图2-11　双色月季

图2-12　多色月季（一）

图2-13　多色月季（二）

（图2-14）、‘折射’（‘折射泡泡’，‘Reflex’）、‘吉卜赛珍品’（‘Gypsy Curiosa’）、‘甜美’（‘Sweetness’）等品种。条纹是指花瓣上有明显与花瓣不同颜色的条纹，如‘说愁’（‘Scentime’）（图2-15）、‘流星雨’（‘Abracadabra’）（图2-16）、‘克劳德·莫奈’（‘Claude Monet’）等品种。花心异色是指花瓣大部分为一种颜色，而花瓣基部呈另外一种颜色，远看类似多只明亮的眼睛，如‘你的眼睛’（‘万众瞩目’，‘Eyes for You’）（图2-17）、‘公牛的眼睛’（‘靶心’，‘Bull’s Eye’）、‘甜蜜巴比伦眼睛’等品种。

图2-14　混色月季（‘红双喜’）

图2-15　条纹月季（‘说愁’）

有的品种可能兼有上述两种甚至三种特点，如混色月季的代

图2-16　条纹月季（‘流星雨’）

图2-17　花心异色（‘你的眼睛’）

表品种‘红双喜’，具有樱桃红外层花瓣和乳白色的花芯，其花色还会由白到红逐渐变化，初开时花瓣乳白色，仅在瓣边有一点点红覆轮，随着花朵开放红色逐渐扩大，至花朵开足时红色几乎覆盖全花，因此也完全可以归于多色类型；又如一般被归于条纹品种的‘流星雨’，通常花瓣紫红带黄色条纹，而实际上其变异性很强，能够开出各种各样的紫红和黄色条纹，甚至可以开出黑红、紫红、红色和黄色的纯色花朵，因此有着“变异王子”之名。但是在当今的月季届，分类也没有上述如此细致，而是把他们全部称为混色或复色花。

月季的花形也有多种，但一般切花品种都为高心型，由较长的内瓣形成匀称的中心圆锥体。高心型也是杂种茶香型月季的典型花型（图2-18）。

图2-18 高心型、卷边翘角的花朵

经过反复无数次杂交，月季几乎各种花色都有，但是就是没有开纯蓝色花的品种，蓝色月季一直以来就成了育种者们追求的目标。有人会问，市场上不是早已经有叫“蓝色妖姬”的月季切花出现了吗？实际上“蓝色妖姬”里的蓝色是用一种对人体无害的蓝色染色剂和助染剂调和成着色剂，等开白色花的月季品种快到花期时，用着色剂浇灌花卉，让花像吸水一样，将着色剂吸入而使花瓣呈现蓝色的。另外还有一种用蓝色金粉覆盖制作的“蓝色妖姬”，颜色不自然，容易掉色，不容易保存（图2-19～图2-21）。

图2-19 “蓝色妖姬”

图2-20 蓝色金粉覆盖制作的“蓝色妖姬”

图2-21 部分花瓣染成蓝色的切花

20世纪50年代以来，发达国家对作物的育种工作进入了基因工程领域，一些公司也开始研究培育蓝色月季。经过努力，在2008年11月举办的东京国际花卉博览会上，由日本饮料巨头三得利公司与澳大利亚的Florigene Pty生物公司共同研发出的所谓全球真正的蓝色月季，首次在公众面前亮相。这种蓝色月季就是转基因月季，是在月季中植入了三色紫罗兰所含一种能刺激蓝色素产生的基因，使得月季花瓣也能够呈现出蓝色。三得利公司为这个月季品种取名为‘喝彩’（‘Applause’）（图2-22），并于2009年10月在日本市场开始销售，每枝售价约为日本普通月季的10倍。但实际上，‘喝彩’的花瓣看起来好像只是浅紫色而已，离蓝色还有较大差距。而人们通过杂交育种的方法，也培育出了略带蓝色的月季品种，如德国培育出的‘微蓝’（‘Kinda Blue’）（图2-23）、英国培育出的‘蓝色

图2-22 ‘喝彩’

梦想'（'Blue for You'）（图2-24）、日本培育出的'蓝色风暴'（'暗恋的心'，'Shinoburedo'）（图2-25）、美国培育出的'蓝丝带'（'Blue Rlbbon'）等。

图2-23 '微蓝'

世界上有没有开黑色花的月季呢？答案是否定的。在大自然中，开黑色花的植物极为罕见，这主要与太阳辐射有关。太阳光是由赤、橙、黄、绿、青、蓝和紫7种不同颜色的光组成的，这些光的波长不一样，所含的热量也就不一样。我们日常看到的花色多为红、黄、橙、白等，这是由于这些花能够反射阳光中含热量较多的红色、

图2-24 '蓝色梦想'

图2-25 '蓝色风暴'

橙色和黄色光波，以避免自身被高温灼伤。而如果花呈黑色，因为阳光中的全部光波都能被吸收，在阳光下就会升温很快，因而花的组织很容易受到伤害。因此当今市场上有出现的所谓“黑玫瑰”或“黑色玫瑰”，学术上应该称黑色月季品种或黑色月季，其花瓣呈现的颜色实际并不是真正的黑色，只是接近黑色的深红或深紫色，就是所谓“红得发紫，紫得发黑”而已（图2-26）。

图2-26 “黑色”月季品种

（五）果实

蔷薇属的果实称为蔷薇果、玫瑰果，属于聚合果，是由若干瘦果聚集着生于凹陷的花托中形成的肉质浆果，是蔷薇属的典型特征。果实除常见的圆形、椭圆形之外，还有瓶形、葫芦形、西洋梨形等。因种类品种不同，果实的大小也存在较大差异。果实颜色开始为绿色，成熟时呈橘红、红、红黄、橙、橙红、紫红、褐等颜色，内含棕褐色的骨质瘦果（种子）5 ～ 160粒。果实不采收时果皮最后会变为黑色且干皱，种子也会变黑且坚硬（图2-27 ～图2-33）。

图2-27 月季果实（一）

图2-28 月季果实（二）

图2-29　月季果实（三）

图2-30　月季果实（四）

图2-31　月季果实（五）

图2-32　橙色及变黑的果实

二、生态习性

月季属于灌木，由于其亲本来自蔷薇属多种植物，所以其对温度的适应性十分广泛，北至严寒的北欧、加拿大，南至炎热的印度及北非都可栽培，而且其能

图2-33　果实内部及瘦果

适应多种土壤条件。

虽然月季对温度的适应性十分广泛，但喜欢温暖的环境，常称之为温带花卉。月季在日平均温度5℃以上树液流动、萌芽生长，最适宜的生长温度为白天15～26℃，夜晚10～15℃。当日平均气温超过30℃时，一方面温度升高导致从萌芽到枝条开花所需的时间变短，光合作用的时间变短，制造的有机物也就减少；另一方面温度越高呼吸作用也越强，导致有机物的消耗也越多，这样一减一增使有机物积累显著减少，植株表现出的现象就是叶片小、花枝短、花蕾小、花瓣少、花色淡无光泽，作为切花就会显著降低或失去商品价值。

当日平均温度降低至5℃以下时，如果有一定的时间，月季就会落叶休眠，在我国冬季寒冷的北方都是如此。在休眠期间，月季大部分品种的枝干都能忍受-15℃左右的低温，但根部耐寒性较差而会受到冻害，在日平均气温降至-5℃以下时就需要采取培土、遮盖等防寒措施。

在海南、云南的西双版纳、广东珠江三角洲等一带，一般冬季日平均最低气温都在5℃以上，虽然有时寒潮来临使最低温度低于5℃甚至0℃，但由于时间通常短暂（每天低温的时间也主要是晚上），所以在休眠期间除了花和叶会受低温危害（花比叶片更容易受害）外，植株一般不会出现完全落叶现象，也就是仍然呈常绿性，总体来说也仍然处于生长阶段。在学术上，把低温危害分为寒害和冻害两种，寒害又称冷害，是指0℃以上低温对植物产生的伤害；冻害则是指0℃及其以下温度对植物产生的伤害。寒害和冻害对植物内部影响的机理不同，但是外部表现出来的症状基本相似，如花瓣变色、枯萎、腐烂发霉（低温阴雨时），花蕾不开、萎蔫、枯萎，嫩芽、嫩枝以及小叶片一部分或者整片变色、萎蔫、枯萎，下部叶黄枯、脱落等。温度越低、持续的时间越长以及降温的幅度越大，寒害和冻害就越严重（图2-34～图2-40）。

在南方其他大部分地区，虽然冬季温度更低，但是因为最高温度不超过5℃的时间不是特别长，所以月季主要也是花和叶出现冻害或寒害，严重时全部花和花蕾以及部分叶子枯萎脱落，因此笔者认为其在冬季可称为处于半休眠状态。通常1月份的温度是一年中最低的，南方2024年1月的最低温度比前几年都要低。图2-41显示的是福建省连城县某家庭院种植的月季在2月12日的情况，主要是花和叶受害；湖南长沙冬天比福建更冷，1月的平均气温范围为2～9℃，2024年1月23日最低温达−6℃，并且下了几天的雪，图2-42显示的是长沙市园林绿地种植的月季在2月17日的情况，植株落叶严重只留下部分叶子，而往年落叶不会那么严重，甚至有的还留有花。

图2-34　受低温危害的变色花瓣

因此，在我国各地都可以种植月季。在冬季寒冷地区，只要

图2-35　受低温危害的花蕾

图2-36　受低温危害的花

图2-37　受低温危害的花和花蕾

图2-38　低温加上阴雨导致花腐烂发霉

图2-39　受低温危害的叶（一）

图2-40　受低温危害的叶（二）

图2-41　连城县下雪后的庭院月季

图2-42　长沙市下雪后的园林月季

保证休眠的月季不被冻死，其在第二年春天温度开始回升时就会重新萌芽生长。因为各地春天温度回升的时间不一样，所以重新萌芽的时间也不同，通常越往北就越迟。重新萌芽之后，由于经常会出现倒春寒（是指春天由于受较强冷空气袭击气温下降较快，造成植物受害的现象）的情况，严重时植株还有可能出现上述寒害或冻害问题。

另外，月季属于日中性植物，日照长短不会影响其开花，其开花主要受温度的影响。对于月季腋芽从开始萌发生长，然后长出枝叶，接着花芽分化和花蕾长大，再到开花，这段时间所累积的温度也就是积温，基本上是一个固定值。也就是说，腋芽从生长开始计算温度，随着不断成枝生长，只要温度累积到积温温度时枝条就会开花（请参阅第五章中“十三、花期调控”部分）。明白了这个道理，也就会明白“月季为什么会月月开花”了。当然，在我国也只有在南方冬季温暖和较温暖的地区，特别是在海南、云南的西双版纳、广东的湛江和珠江三角洲等，露地种植的月季才能够真正实现一年四季开花不断，只是在夏季不仅高温而且高湿，病虫害多，植株生长不良，切花品质差，如果管理不善植株甚至会死亡。而在北方，露地种植的月季冬季会落叶休眠，等到春天温度开始回升后再重新萌芽生长，再过一段时间才开花。由于夏季我国大部分地区都高温炎热，虽然温度远达不到月季死亡的程度，但是植株生长开花不良也都是普遍存在的问题。在云南、贵州、四川等地的高原地带，由于夏季凉爽、昼夜温差更大以及光照更强，露地种植的月季则生长开花良好。

月季是喜阳性植物，喜欢充足的阳光照射，每天如果有8小时以上的阳光就可使月季生长良好。如果光照不足，则会生长和开花不良，如节间变长、茎变细、茎容易弯垂倒伏，叶片变小、叶色偏黄，花变小而色暗，有香味的品种香味也变淡，甚至出现不开花的现象（图2-43、图2-44）。但是在着花期间，如果在夏季强烈阳光下暴晒以及由此引起的高温，对花蕾的发育是不利的，花瓣也易不艳、变色甚至焦边，所以在夏季栽培月季最好使用遮阳网来进行遮阳。

月季因为喜阳，所以不适宜在厅室内摆放或种植。即使是在光线最

图2-43　种植在光照不足之处的月季

图2-44　光照不足的花园里种植的月季

强的大堂处，也很少见到盆栽月季的踪影。如果把月季放在室内摆放，多天后叶子就会开始从下往上不断脱落，直到落光，而期间花色变淡、花朵早衰，最后植株就会死亡，其原因就是厅室内严重不足的光照使月季光合作用制造的有机物质很少甚至无法制造，这样植株只能把体内贮藏的有机物质也用来呼吸维持生命，有机物不断被消耗直至耗尽，植株也就会死亡（图2-45～图2-47）。

月季喜水，土壤应经常保持湿润，但是也不能频繁浇水。如果浇水太频繁，特别是对于本身排水透气性不好的基质，基质中的孔隙长期存有水，会导致基质内的空气（氧气）不足和二氧化碳浓度过高，短期处于缺氧和高二氧化碳的环境中，可使根细胞呼吸减弱，影响主动吸水；较长时间后，细胞进行无氧呼吸，产生、积累乙醇，根系就会中毒受伤，吸水更少，因此月季浇水太多，反而表现出缺水现象。因为营养元素是随水进入根系的，所以吸水少吸肥也就少，地上部植株也就会生长纤弱，其抗寒力和抗旱力也下降。浇水太多也能导致病害发生，甚至根系腐烂，植株死亡。

如果基质积水，或暴雨洪水使植株的一部分被淹而导致植株受害，则称为涝害。首先，涝害使植株根部缺乏氧气，只能进行无氧呼吸，同样会造成上述浇水太多时出现的生理性干旱和营养不足现象。其次涝害引起基质嫌气性细菌活跃，使基质中积累有机酸和无机酸，增大基质溶液浓度，也影响植株对营养元素的吸收；同时产生一些有毒物质如H_2S、NH_3等，使根中毒。另外，水涝使植株部分地上部浸在水中，影响到叶片光合作用和呼吸作用的进行。涝害在植株外观上会出现黄叶、花色变浅、花的香味减退、落叶、落花等现象，严重时导致叶和花腐烂，根系也可能腐烂，植株也就死亡（图2-48）。

土壤干旱也会对月季造成伤害，严重时植株就会枯死，详细内容可

图2-45　把盆栽月季摆放在室内

图2-46　室内摆放到第8天的情况

图2-47　室内摆放到第12天的情况

图2-48　月季的涝害

阅读第七章盆栽的浇水部分。

月季最适宜生长的空气相对湿度是75% ～ 80%，其对高湿相当敏感，从这一点看，在华南地区夏季高温高湿，温室大棚内容易存在湿度高的问题，对月季都是不理想的，此时良好的通风条件就显得尤为重要。相对湿度如果太低，则引起水分蒸腾、蒸发损失大，对叶片和花蕾的生长发育都不利，叶片容易出现畸形。

月季虽然能适应多种土壤，但最适宜富含有机质，疏松肥沃，既能排水透气又能保水保肥，pH值为5.5 ～ 6.5的土壤条件。

第三章

玫瑰和月季常见栽培品种

一、切花品种

月季品种繁多，几乎都是国外培育出来的。在20世纪80年代改革开放之前，我国花卉商品化生产程度很低，引进的国外月季新品种很少。广东作为我国改革开放的前沿，在20世纪80年代末位于珠江三角洲地区的深圳、广州、珠海等地就开始引进一些月季切花品种进行切花生产，产品主要用于供应港澳市场。后来随着国内鲜花消费需求的不断增长，切花月季的生产也快速发展，引进的品种也越来越多。期间我国也引进了一些包括微型月季在内的非切花月季品种，主要用于植物园、专类园和科研单位的研究、展示等。十多年前国内小盆栽月季在市场开始流行，也引进了较多国外的微型月季新品种，丰花和藤蔓月季品种也陆续有引进。

作为切花月季品种，一般要求具有下列特点：花枝粗硬、有足够的长度，刺少，颈部（花枝顶部与花朵相接部分）硬，瓶插寿命长；花色鲜艳，瓣质好、硬韧、最好有天鹅绒或绸缎光泽，花瓣整齐；花形优美，呈高心、卷边、翘角；成花周期短，丰产性好；抵抗病虫害和高低温等不良环境的能力强等。

切花月季又分为单头切花和多头切花两类，单头切花一枝开花枝上只有一朵花，过去国内市场上主要就是这类品种。多头切花在一枝开花枝上有多朵花（图3-11），过去市场上这类品种比较少，近些年来则纷纷涌现且日益流行，如‘折射’‘甜心芭比’‘梦幻芭比’‘朱丽叶’‘海洋之歌’‘晴天’‘牛油果’‘爱丽丝’‘宝贝爱人’‘和风’‘多粉泡泡’‘枫糖泡

图3-1　多头月季

泡’‘惊艳泡泡’‘星悦宝贝’‘苏菲宝贝’‘碧海’‘葵’‘江南’‘假日水晶’‘繁星’‘浪漫爱人’‘狂欢泡泡’‘美凌’‘甜心’‘佳娜’‘甜蜜派’‘小仙女’‘茜茜公主’‘梦幻水晶’‘爱丽丝’等。多头切花月季在商业上又被称为多头玫瑰，因为花朵比较小，也称为小朵玫瑰或泡泡玫瑰，其也是很适合作为小盆栽的品种。

最初国内使用的切花月季品种都来自国外，20余年来国内特别是云南也培育出了一些自己的新品种。国内外适合作为切花的月季品种相当多，特别近年来一些奇特的新品种被推出后广受欢迎。国内至今引进的切花品种（其中少数是近年来从厄瓜多尔、肯尼亚、荷兰等国家直接进口切花产品在国内市场上销售）有很多，包括单头和多头品种，如‘萨蒙莎’（‘Samantha’）、‘索非亚’（‘宝石’，‘Saphir’）、‘巴比伦’（‘Papillon’）、‘达拉斯’（‘Dallas’）、‘卡罗拉’（‘Carola’）、‘莫尼卡’（‘Monica’）、‘外交家’（‘Diplomat’）、‘贝拉米’（‘Blami’）、‘白成功’（‘白胜利’，‘White Success’）、‘坦尼克’（‘Tineke’）、‘金徽章’（‘Gold Emblem’）、‘金奖章’（‘Gold Medal’）、‘大丰收’（‘Grand Gala’）、‘红衣主教’（‘Kardinal’）、‘杰·乔伊’（‘Just Joey’）、‘小白兔’（‘Little Rabbit’）、‘香欢喜’（‘Perfume Delight’）、‘影星’（‘艳粉’，‘Movie Star’）、‘蓝丝带’（‘Blue Rlbbon’）、‘阿班斯’（‘Ambiance’）、‘耐心’（‘Patience’）、‘第一夫人’（‘First Lady’）、‘福斯塔夫’（‘Falstaff’）、‘柴可夫斯基’（‘Tchaikovski’）、‘德伯家的苔丝’（‘Tess of the d’ Urbervilles’）、‘蜻蜓’（‘Libellula’）、‘黑魔术’（‘Magia Nera’）、‘黑美人’（‘Black Beauty’）、‘阿斯米尔黄金’（‘Aalsmeer Gold’）、‘蜜桃雪山’（‘Peach Avalanche’）、‘粉佳人’（‘Nirvana’）、‘粉红雪山’（‘Sweet Avalanche’）、‘苏醒’（‘Awakening’）、‘糖果雪山’（‘Candy Avalanche’）、‘海洋之歌’（‘Ocean Song’）、‘冷美人’（‘Cool Water’）、‘红色直觉’（‘Red Intuition’）、‘秋日胭脂’（‘Autumn Rouge’）、‘印象派’（‘The Impressionist’）、‘折射’（‘折

射泡泡’，‘Reflex’）、‘红双喜’（‘Double Delight’）、‘林肯先生’（‘Mister Lincoln’）、‘香槟’（‘Champagne’）、‘金凤凰’（‘Golden Scepter’）、‘白雪山’（‘雪山’‘雪峰’，‘Mount Shasta’）、‘微光’（‘Shimmer’）、‘火烈鸟（‘Flamingo’）、‘欢乐颂’（‘Silantoi’）、‘洛神’（‘Goddess of the Luo River’）、‘摩纳哥公主’（‘Princesse de Monaco’）、‘伊丽莎白女王’（‘Queen Elizabeth’）、‘粉黛’（‘Fen Dai’）、‘唐娜小姐’（‘Prima Donna’）、‘彩云’（‘Saiun’）、‘嵯峨野’（‘Sagona’）、‘绯扇’（‘菲扇’‘红扇’，‘Hi-Ohgi’）、‘蒂芬’（Tiffany）、‘达莱博士’（‘Dr. Darley’）、‘黄和平’（‘Yellow Peace’）、‘白金’（‘铂金’，‘Precious Platinum’）、‘粉和平’（‘娇娥’，‘Pink Peace’）、‘凯丽’（‘凯里’，‘Carey’）、‘朱丽叶’（‘朱莉叶’‘朱莉亚’，‘Juliet’）、‘佛罗伦蒂娜’（‘佛罗伦萨’，‘Florentina’）、‘奥古斯塔·路易丝’（‘Augusta Luise’）、‘伊芙·婚礼之路’（‘婚礼之路’，‘Wedding Road’‘Cloche de Mariage’）、‘红粉佳人’（‘Sweet Unique’）、‘樱桃白兰地’（‘Cherry Brandy’）、‘海洋米卡多’（‘Ocean Mikado’）、‘真宙’（‘Masora’）、‘雪花肥牛’（‘Lady Candle’）、‘罗莎琳达’（‘Rosalind’）、‘伊芙·许愿之心’（‘伊芙·心愿’，‘Yves Wishing’）、‘欧珀宝石’（‘蛋白石宝石’，‘Speckled Opal Gem’）、‘伊芙·砂糖艺术’（‘砂糖艺术’，‘Sucre D’Ar’）、‘艾莎’（‘朱米莉亚’，‘Jumilia’）、‘爱丽丝’（‘Alice’）、‘宝贝爱人’（‘Baby Rosever’‘Nirpbaro’）、‘碧海’（‘Azure Sea’）、‘翠妮缇’（‘Trinity’）、‘戴安娜’（‘Diana’）、‘多粉泡泡’（‘曼斯菲尔德庄园’，‘Mansfield Park’）、‘芬德拉’（‘芬得拉’‘旺德拉’，‘Vendela’‘TANaledef’）、‘冷美人’（‘紫美人’，‘Cool Water’）、‘辉煌’（‘Brilliant’）、‘粉雪山’（‘粉红雪山’，‘Pink Avalanche’‘Sweet Avalanche’）、‘橙芭比’（‘橙色芭比’，‘Orange Jewel’）、‘弗洛伊德’（‘粉色梦境’，‘Pink Floyd’）、‘高盛’（‘高胜’，‘Gotcha’）、‘海洋之歌’（‘Ocean Song’）、‘和风’（‘微风’，‘Cefiro’）、‘骄

傲'('Proud')、'金色海岸'('Gold Coast')、'卡布奇诺'('Cappuccino')、'凯拉'('Kayla')、'粉荔枝'('荔枝''粉色欧哈娜','Pink O' Hara')、'洛神'('Goddess of the Luo River')、'晴空'('Sunny Sky')、'朱砂痣'('Vermillion Granite')、'猪小姐'('猪猪小姐','Miss Piggy')、'玛丽亚'('玛利亚','Marie Victorin')、'巧克力泡泡'('Chocolate Bubbles')、'传奇'('Ever Red')、'浪漫爱人'('浪漫罗斯娃','Romantic Rosever')、'人鱼公主'('美人鱼','Mermaid Princess')、'白月亮'('M-White Moon')、'克劳德·莫奈'('Claude Monet')、'火灵鸟'('自由精灵''自由主义','Free Spirit')、'河本新娘'('La Mariee')、'法国红'('Red France''FAZcanne')、'胭脂'('胭脂雪山''珍珠雪山''甜蜜雪山','Pearl Avalanche')、'狂欢泡泡'('Fiesta Bubbles')、'桑赛尔'('Sancerre')、'苹果杰克'('Apple Jack')、'雅典娜'('Athena')、'水果泡泡'('Fruity Bubbles')、'诱惑'('Allure')、'魅惑'('Miwaku')、'太空'('Space')、'金枝玉叶'('Royal Highness')、'假日公主'('Queen's Day')、'梦露'('Monroe')、'奶油杯'('暖玉','Butter Cup')、'温柔珊瑚心'('黄金呼呼塞拉','Vuvuzela')、'焦糖玛奇朵'('Caramel Macchiato''Nirpcaramel')、'杏色蕾丝'('Apricot Lace')、'高雅爱人'('Elegant Rosever''Nirpharv')、'露露公主'('Princess Lulu')、'莱拉'('Leila')、'橙色泡泡'('橘子泡泡','Orange Bubbles')、'白泡泡'('白色泡泡','White Bubbles')、'国王日'('Kings Day')、'冰淇淋'('多头冰淇淋''冰淇淋泡泡','Gelato')、'红丝绒'('Red Velvet')、'艾莉森'('Alison')、'海洋之心'('诺蒂卡''娜乌提卡','Nautica')、'探险家'('Explorer''Interonotov')、'曼塔'('蔓塔''明达','Menta')、'富克'('Fucker')、'小仙女'('精灵','Fair Flow')、'斯嘉丽'('Scarlet')等。

图3-2～图3-151为一些切花月季品种的图片。

图3-2 ‘萨蒙莎’

图3-3 ‘红衣主教’

图3-4 ‘大丰收’

图3-5 ‘金奖章’

图3-6 ‘坦尼克’

图3-7 ‘贝拉米’

图3-8 ‘莫尼卡’

图3-9 ‘卡罗拉’

图3-10 ‘白贵族’

图3-11 ‘索非亚’

图3-12 ‘折射’

图3-13 ‘红双喜’

图3-14 ‘林肯先生’

图3-15 ‘柴可夫斯基’

图3-16 ‘杰·乔伊’

图3-17 ‘德伯家的苔丝’

图3-18 ‘黑美人’

图3-19 ‘耐心’

图3-20 ‘佛罗伦蒂娜’

图3-21 ‘黑魔术’

图3-22 ‘蜻蜓’

图3-23 ‘紫霞仙子’

图3-24 ‘小白兔’

图3-25 ‘香欢喜’

图3-26 ‘影星’

图3-27 ‘蓝丝带’

图3-28 ‘第一夫人’

图3-29 ‘阿班斯’

图3-30 ‘香槟’

图3-31 ‘金凤凰’

图3-32 ‘蜜桃雪山’

图3-33 ‘洛神’

图3-34 ‘欢乐颂’

图3-35 ‘火烈鸟’

图3-36 ‘甜玲珑’

图3-37 ‘微光’

图3-38 ‘白雪山’

图3-39 ‘粉黛’

图3-40 ‘摩纳哥公主’

图3-41 ‘唐娜小姐’

图3-42 ‘彩云’

图3-43 ‘嵯峨野’

图3-44 ‘印象派’

图3-45 ‘达莱博士’

图3-46 ‘绯扇’

图3-47 ‘蒂芬’

图3-48 ‘黄和平’

图3-49 ‘白金’

图3-50 ‘粉和平’

图3-51 ‘秋日胭脂’

图3-52 ‘朱丽叶’

图3-53 ‘凯丽’

图3-54 ‘真宙’

图3-55 ‘雪花肥牛’

图3-56 ‘伊芙·婚礼之路’

图3-57 ‘奥古斯塔·路易丝’

图3-58 ‘罗莎琳达’

图3-59 ‘伊芙·许愿之心’

图3-60 ‘欧珀宝石’

图3-61 ‘伊芙·砂糖艺术’

图3-62 ‘艾莎’

图3-63 ‘爱丽丝’

图3-64 ‘宝贝爱人’

图3-65 ‘碧海’

图3-66 ‘翠妮缇’

图3-67 ‘戴安娜’

图3-68 ‘多粉泡泡’

图3-69 ‘粉雪山’

图3-70 ‘橙芭比’

图3-71 ‘克劳德·莫奈’

图3-72 ‘弗洛伊德’

图3-73 ‘高盛’

图3-74 ‘海洋之歌’

图3-75 ‘和风’

图3-76 ‘骄傲’

图3-77 ‘金色海岸’

图3-78 ‘卡布奇诺’

图3-79 ‘凯拉’

图3-80 ‘粉荔枝’

图3-81 ‘巧克力泡泡’

图3-82 ‘晴天’（‘晴天泡泡’）

图3-83 ‘朱砂痣’

图3-84 ‘猪小姐’

图3-85 ‘繁星’

图3-86 ‘枫糖泡泡’

图3-87 ‘高原红’

图3-88 ‘蝴蝶泡泡’

图3-89 ‘火焰泡泡’

图3-90 ‘假日水晶’

图3-91 ‘惊艳泡泡’

图3-92 ‘梦幻芭比’

图3-93 ‘梦幻水晶’

图3-94 ‘牛油果’

图3-95 ‘丝绒紫罗兰’

图3-96 ‘苏菲宝贝’

图3-97 ‘塔罗拉’

图3-98 ‘星悦宝贝’

图3-99 ‘猩红泡泡’

图3-100 ‘江南’

图3-101 ‘传奇’

图3-102 ‘暖暖’

图3-103 ‘霓虹泡泡’

图3-104 ‘浪漫爱人’

图3-105 ‘人鱼公主’

图3-106 ‘白月亮’

图3-107 ‘火灵鸟’

图3-108 ‘真爱’（‘珍爱’）

图3-109 ‘胭脂’

图3-110 ‘狂欢泡泡’

图3-111 ‘桑赛尔’

图3-112 ‘苹果杰克’

图3-113 ‘美凌’

图3-114 ‘复色狮子座’（‘多头狮子座’）

图3-115 ‘焦糖玛奇朵’

图3-116 ‘金色交响’

图3-117 ‘广州下了雪’

图3-118 ‘杏色蕾丝’

图3-119 ‘高雅爱人’

图3-120 ‘露露公主’

图3-121 ‘莱拉’

图3-122 ‘橙色泡泡’

图3-123 ‘白泡泡’

图3-124 ‘多头香槟’

图3-125 ‘霓裳’

图3-126 ‘国王日’

图3-127 ‘桃花笺’

图3-128 ‘优雅公主’

图3-129 ‘丹霞’

图3-130 ‘甜心’

图3-131 ‘苏珊’

图3-132 ‘冰淇淋’

图3-133 ‘情人烟火’

图3-134 ‘探险家’

图3-135 ‘红丝绒’

图3-136 ‘大花美人’

图3-137 ‘豆蔻’

图3-138 ‘艾莉森’

图3-139 ‘幸运泡泡’

图3-140 ‘嫣然’

图3-141 ‘辉煌’

图3-142 ‘海洋之心’

图3-143 ‘金枝玉叶’

图3-144 ‘曼塔’

图3-145 ‘奶油杯’

图3-146 ‘富克’

图3-147 ‘多桃泡泡’

图3-148 ‘小仙女’

图3-149 ‘糖果雪山’

图3-150 ‘斯嘉丽’

二、盆栽品种

图3-151 ‘橙汁泡泡’

可以说，所有的月季品种都能够进行盆栽，只要花盆的大小适合即可。我国之前引进的月季品种多属于切花品种，所以用于盆栽的也曾多是切花品种，丰花月季、壮花月季和微型月季品种不多。近10多年来情况得到大大改变，国内小盆栽月季在市场开始流行，更适合中小盆栽的微型月季新品种更是被不断地引进，国内也有自主培育的新品种出现，有些品种还进行了规模化的商品生产，广大的月季爱好者也纷纷在家庭阳台和露台种植这些新品种（有些也作为多头切花栽培），常见的有‘甜蜜马车’（‘Sweet Chariot’）、‘雪花’（‘Snowflake’）、‘香奈儿阳台’（‘红果汁’，‘Chanel Terrazza’）、‘蓝宝石’（‘紫香’，‘Blue Bajou’）、‘红宝石冰’（‘Ruby Ice’）、‘金太阳’（‘Golden Sunblaze’‘Golden Meillandina’）、‘铃之妖精’（‘Fée Clochette’）、‘浪漫比克’（‘Bico Baby Romantica’）、‘金丝雀’（‘Canary’）、‘果汁阳台’（‘果汁’，‘Juicy Terrazza’）、‘捉迷藏’（‘躲躲藏藏’，‘Cache Cache’）、‘海神王阳台’（‘海神王’，‘Neptune King Terrazza’）、‘诺娃’（‘鲑红色阳台’，‘Nova King Terrazza’）、‘木星王阳台’（‘木星王’，‘Jupiter King Terrazza’）、‘灌彩虹’（‘彩虹’，‘Rainbow’ s End’）、‘玉米宝石’（‘Corn Jewel’）、‘永远的雪球’（‘永恒雪球’，‘Snowball Forever’）、‘姬乙女’（‘Suehime’）、‘红莲’（‘八女津姬’，‘Yametsu-Hime’）、‘白伍兹’（‘White Woods’）、‘绿冰’（‘Green Ice’）、‘闪电’（‘埃克莱尔’，‘Eclair’）、‘彗星’（‘Cometa’）、‘超感’（‘粉多头’，‘Super Sensation’）、‘白桃妖精’（‘White Peach Ovation’）、‘金星王阳台’（‘金星王’，‘Venus King Terrazza’）、‘乐园芒果蜜蜂’（‘Bienenweide Mango’）、‘土星王阳台’（‘土星王’，

‘Saturnus King Terrazza’)、‘流星王阳台’(‘流星王’,‘Meteor King Terrazza’)、‘彗星王阳台’(‘彗星王’,‘Comet King Terrazza’)、‘芳香王阳台’(‘芳香王’,‘Fragrance King Terrazza’)、‘日食(蚀)王阳台’(‘日食(蚀)王’,‘Eclipse King Terrazza’)、‘情歌’(‘Love Song’)、‘幸福之门’(‘Porte Bonheur’)、‘粉柯斯特’(‘Pink Koster’)、‘红柯斯特’(‘Dick Koster’)、‘伯尼卡’(‘Bonica’)、‘小伊甸园’(‘Mimi Eden’)、‘埃斯托里尔’(‘Estoril’)、‘火焰舞’(‘火焰’,‘Flame Dance’)、‘金丝雀’(‘富贵金丝鸟’,‘Canary’)、‘永远的那不勒斯’(‘Napoli Forever’)、‘小红帽’(‘Red Riding Hood Fairy Tale’)、‘门廊绒球’(‘Pompon Veranda’)、‘阳光海滩’(‘黄金海岸’,‘Sunny Beach’)、‘溶溶月’(‘Rong Rong Yue’)、‘阳光宝石’(‘Sunny Jewel’)、‘樱桃白兰地’(‘Cherry Brandy’)、‘重瓣绝代佳人’(‘Double Knock Out’)、‘狮子座阳台’(‘狮子座’,‘Leo Terrazza’)、‘闪亮宝石’(‘闪光宝石’,‘Sparkling Jewel’)、‘小女孩’(‘Maidy’)、‘北京红’(‘Beijinghong’)、‘冰山’(‘Iceberg’)、‘曼海姆’(‘曼海姆宫殿’‘莫海姆’,‘Schloss Mannheim’)、‘双色妖姬’‘尼罗河花园’‘火烧云’‘火烧粉’‘幻紫’‘丁满’‘菲利’‘粉雨’‘欧布’‘茜茜公主’‘丘比特’‘舒克’‘唐老鸭’‘汤米’‘中国宝石’‘敦促’‘夕阳’‘红色恋人’‘东方之星’‘小太阳’‘金平糖’‘仙路’‘淑女’‘柚子’‘彭彭’‘菜菜子’‘七变化’‘红粉佳人’‘红宝石’‘节日礼花’‘粉罗马’‘阳台’‘仙境’‘黄海姆’‘爱妃’等。

目前月季爱好者通常把微型月季简称为微月,把其品种分为大花型、小花型和超微型。超微型是指花特别小的月季品种,当然其叶子也很小,枝条细小,株型很矮。这里特别介绍一下超微型代表品种,来自日本的‘姬乙女’,又称为‘须惠姬’‘姬’,其号称是世界上最小的月季,植株只有约10厘米高,自然分枝性很好,枝繁叶茂,树形直立、紧凑。花重瓣,径约1厘米。株型迷你,可以捧在手掌上,很适宜放置在茶几、办公桌面等,小巧可爱。花色富于变化,刚开时是娇俏的桃红色，而后慢慢变成粉红色，最后是白色，因每朵花开放时间不同，会出现一树多色花的情况。总体说来，温度低时偏红，夏天就容易开白花（图3-152）。

图3-153～图3-212是其他微型月季品种的图片。

图3-152 ‘姬乙女’

图3-153 ‘铃之妖精’

图3-154 ‘甜蜜马车’

图3-155 ‘仙路’

图3-156 ‘灌彩虹’

图3-157 ‘东方之星’

图3-158 ‘粉柯斯特’

图3-159 ‘果汁阳台’

图3-160 ‘红宝石’

图3-161 ‘红粉佳人’

图3-162 ‘重瓣绝代佳人’

图3-163 ‘红色恋人’

图3-164 ‘小太阳’

图3-165 ‘红柯斯特’

图3-166 ‘玉米宝石’

图3-167 ‘彭彭’

图3-168 ‘淑女’

图3-169 ‘夕阳’

图3-170 ‘柚子’

图3-171 ‘小伊甸园’

图3-172 ‘金丝雀’

图3-173 ‘火焰’

图3-174 ‘永远的那不勒斯’

图3-175 ‘爱丽丝’

图3-176 ‘丁满’

图3-177 ‘菲利’

图3-178 ‘粉雨’

图3-179 ‘欧布’

图3-180 ‘茜茜公主’

图3-181 ‘丘比特’

图3-182 ‘舒克’

图3-183 ‘唐老鸭’

图3-184 ‘汤米’

图3-185 ‘中国宝石’

图3-186 ‘小红帽’

图3-187 ‘门廊绒球’

图3-188 ‘阳光海滩’

图3-189 ‘溶溶月’

图3-190 ‘阳光宝石’

图3-191 ‘樱桃白兰地’

图3-192 ‘节日礼花’

图3-193 ‘香奈儿阳台’

图3-194 ‘芳香王阳台’

图3-195 ‘海神王阳台’

图3-196 ‘反转巴黎’

图3-197 ‘粉罗马’

图3-198 ‘火焰舞’

图3-199 ‘幻紫’

图3-200 ‘火烧粉’

图3-201 ‘火烧云’

图3-202 ‘尼罗河花园’

图3-203 ‘闪亮宝石’

图3-204 ‘双色妖姬’
图3-205 ‘阳台’
图3-206 ‘仙境’
图3-207 ‘小女孩’
图3-208 ‘黄海姆’
图3-209 ‘爱妃’

图3-210 ‘北京红’

图3-211 ‘冰山’

三、园林绿化和庭院种植品种

图3-212 ‘曼海姆’

所有的月季品种都能够应用于各种园林绿化和庭院种植观赏。由于我国之前引进的月季品种多属于切花品种，所以在国内园林绿化和庭院种植的月季也曾经多是切花品种，丰花月季、壮花月季、藤蔓月季和微型月季品种不太多。在园林绿化上，几乎没有任何绿地植物的养护管理可以达到像商业生产切花和盆花那样的精细程度，所以所选择应用的月季品种，在适应性、抵抗不良环境和病虫害的能力方面应当更强。近年来有企业看好国内月季在园林绿化市场的潜力，已经开始引进更适合园林应用的丰花月季、壮花月季、藤蔓月季和微型月季新品种，进行生产和推广。要强调的是，有的丰花月季和壮花月季品种也是适宜做切花用的。

华南一带高温高湿，病虫害也多，较适宜的品种有‘约翰·贝杰曼爵士’（‘Sir John Betjeman’‘Ausvivid’）、‘绝代佳人’（‘Knock Out’）、‘桃红绝代佳人’（‘Peachy Knock Out’）、‘梅朗口红’（‘罗琪梅朗’，‘Rouge Meilland’）、‘旋转木马’（‘Carousel’）、‘本杰明·布

里顿’（‘Benjamin Britten’‘AUSencart’）、‘美丽樱桃’（‘樱桃伯尼卡’‘樱桃博尼卡’，‘Cherry Bonica’）、‘詹姆斯·高威’（‘James Galway’‘AUScrystal’）、‘安吉拉’（‘Angela’）、‘红从容’（‘Red Velvet’）、‘可爱粉梅迪兰’（‘可爱粉色’‘吉卜赛色彩节’，‘Lovely Pink’‘Meinoplius’‘Gipsy Farbfestival’）、‘坎迪亚·梅迪兰’（‘Candia Meidiland’‘MEIboulka’）、‘御用马车’（‘Parkdirektor Riggers’）、‘艾拉绒球’（‘Pomponella’）、‘红色达·芬奇’（‘红达’，‘Red Leonardo da Vinci’）、‘摩纳哥王妃夏琳’（‘浪漫绯句’‘芳香宝石’，‘Haiku Romantika’‘Princesse Charlène de Monaco’‘Duftjuwel’）、‘粉扇’（‘Pink Fan’）、‘红宝石冰’（‘Ruby Ice’）、‘仙境’（‘Carefree Wonder’）、‘绯扇’（‘Hiogi’）、‘草莓杏仁饼’（‘草莓马卡龙’，‘Strawberry Macaron’）、‘多特蒙德’（‘Dortmund’）、‘烟花波浪’（‘Fireworks Ruffles’）、‘俄州黄金’（‘Oregold’）、‘黛博拉’（‘黛博拉玫迪兰’，‘Deborah Meillandecor’‘MEInoiral’）、‘花车’（‘Hanaguruma’）、‘蓝月亮’（‘Blue Moon’）、‘白科斯特’（‘Witte Koster’）、‘娜荷玛’（‘Nahéma’）、‘龙沙宝石’（‘Eden’）、‘重瓣绝代佳人’‘红柯斯特’‘粉柯斯特’‘黄从容’等。

图3-213～图3-261是月季在园林绿化和庭院中应用的品种图片。

图3-213 ‘绿野’（‘Lü Yie’）

图3-214 ‘紫袍玉带’（‘Royal Mondain’）

图3-215 ‘肯特公主’(‘Princess Alexandra of Kent’)

图3-216 ‘太阳仙子’(‘Sunsprite’)

图3-217 ‘天方夜谭’(‘Sheherazad’)

图3-218 ‘说愁’(‘Scentimental’)

图3-219 ‘威基伍德’(‘粉伍德’, ‘The Wedgwood’)

图3-220 ‘可爱绿’(‘Lovely Green’)

图3-221 ‘杏仁’（‘Amaretto’）

图3-222 ‘红色龙沙宝石’（‘红龙’‘红色伊甸园’，‘Red Eden’）

图3-223 ‘爱’（‘Love’）

图3-224 ‘红帽子’（‘Rodhatte’）

图3-225 ‘白圣诞’（‘白色圣诞’，‘White Christmas’）

图3-226 ‘夏日花火’（‘Summer Fireworks’）

图3-227 ‘优雅’（‘Touch of Class’）

图3-228 ‘爱丽丝公主’（‘Princess Alice’）

图3-229 ‘月亮女神’（‘Cynthia’）

图3-230 ‘保罗内龙’（‘牡丹’‘西枝牡丹’，‘Paul Néyron’）

图3-231 ‘流星雨’（‘Abracadabra’）

图3-232 ‘伊芙·飞溅’（‘Yve Splash’）

图3-233　‘金玛丽’（‘Goldmarie’）

图3-234　‘葡萄冰山’（‘Burgundy Iceberg’）

图3-235　‘蓝色阴雨’（‘Rainy Blue’）

图3-236　‘羊脂香水’（‘Boule de Parfum’）

图3-237　‘蓝莓蛋糕’（‘蓝莓奶清冻’，‘Thierry Marx’）

图3-238　‘大游行’（‘Parade’）

图3-239 ‘萨尔曼莎’（‘Salmanasar’）

图3-240 ‘索菲罗莎’（‘Sophie Rochas’）

图3-241 ‘皇家胭脂’（‘Rouge Royale’）

图3-242 ‘马萨德医生’（‘Dominique Massad’）

图3-243 ‘羽毛’（‘Plume’）

图3-244 ‘合唱团’（‘哈德斯菲尔德合唱团’，‘Huddersfield Choral Society’）

图3-245 ‘加百列·大天使’（‘加百列’‘大天使’，‘Gabriel’）

图3-246 ‘玛丽’（‘日本玛丽’，‘Marie’）

图3-247 ‘白桃草莓冻糕’［‘草莓冻糕’（‘Strawberry Parfai’）的芽变品种］

图3-248 ‘葵’（‘Aoi’）

图3-249 ‘安吉拉’

图3-250 ‘艾拉绒球’

图3-251 ‘粉扇’

图3-252 ‘草莓杏仁饼’

图3-253 ‘藤彩虹’（‘Cl Rainbow's End’）

图3-254 ‘香妃’（‘Sweet Fragrance’）

图3-255 ‘蜂蜜焦糖’（‘Honey Caramel’）

图3-256 ‘亚伯拉罕·达比’（‘Abraham Darby’）

图3-257 ‘珊瑚果冻’（‘Corail Gelee’）

图3-258 ‘威廉莎士比亚2000’（‘William Shakespeare 2000’）

图3-259 ‘香妃’（‘Sweet Fragrance’）

图3-260 ‘空蒙’

图3-261 ‘巨花美兰’

第四章

玫瑰和月季繁殖技术

月季的繁殖方法有多种，如扦插、嫁接、压条、分株、组织培养、播种等，一般切花苗使用扦插和嫁接进行繁殖，盆栽苗使用扦插进行繁殖，月季树使用的是嫁接，杂交育种需要进行播种。在进行繁殖时，涉及的各种材料和工具，如繁殖材料、基质、刀、剪、操作台、苗床、容器等，都必须干净或经过消毒。对于刀、剪、操作台等，可用75%的酒精浸泡或擦拭。

一、扦插繁殖

本节只介绍月季的绿枝扦插繁殖方法。绿枝扦插是指利用月季当年形成的新枝能产生不定根的能力，将其一部分从母体上剪切下，在适宜的环境条件下让其形成根，从而成为一个完整独立的新植株的繁殖方法。剪下用于扦插的枝段或茎段叫插条或插穗。绿枝扦插一般在5～6月或9～10月进行，盛夏一般不太适宜进行扦插。

扦插就是要让插条基部能够长出不定根，成为一个新的植株。茎插条内不定根的发育过程可分作三个时期：第一，细胞的脱分化，接着发生分生组织细胞群即根原始细胞；第二，这些细胞群分化成可见的根原基；第三，新根生长及突出茎外，包括突破茎的其他组织，同时形成与插条输导组织联系起来的维管束。

插条放在适宜的生根环境中，在插条的基部常发生愈伤组织，它是一团不规则的具有不同木质化程度的薄壁细胞，发源于维管形成层部位的幼嫩细胞。第一批根常常经过愈伤组织长出来，因此人们认为愈伤组织对形成根是必要的。其实一般愈伤组织的形成和根的形成是彼此独立的，两者常常同时发生是因为它们所需的内在条件和环境条件是相同的。因此插条有愈伤组织产生并不代表其之后就能够生根成活，其完全也有可能在生根之前死亡（图4-1～图4-3）。

另外，有些品种在所采插条的节部就可能已经产生有不定根的根原细胞，称为潜伏根原细胞或先成根原细胞。脱离母体及扦插前它们一直处于休眠状态，直至插条离体后在适合环境下就解除休眠，继续发育成根原基和不定根（图4-4）。如果插条的节部已经存在潜伏根原细胞，其长出根所用的时间就要比上述先长愈伤组织再长根的更短，这也就是为什么插条基部切口通常在节的下方以及至少要有一个节插在基质里的原因（其他花卉的扦插也都是如此）。

对于植物一般的带叶扦插，插条在生根前干枯死亡是插条失败的主要原因之一。叶片能进行光合作用制造碳水化合物以及能制造生长素，所以插条上叶子的存在是刺激插条生根的强有力因素。但是因为插条无

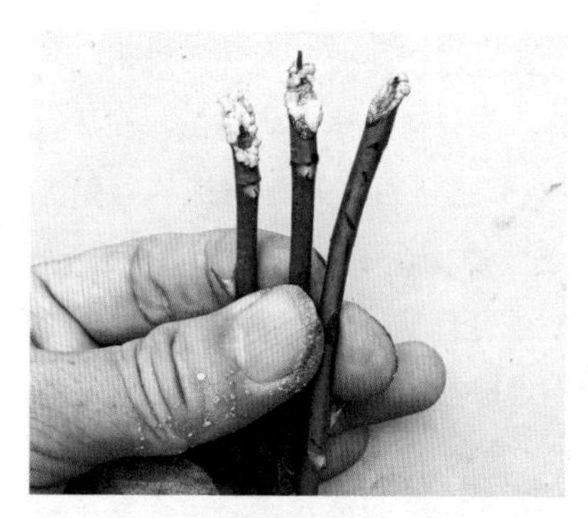

图4-1　插条基部先长出愈伤组织

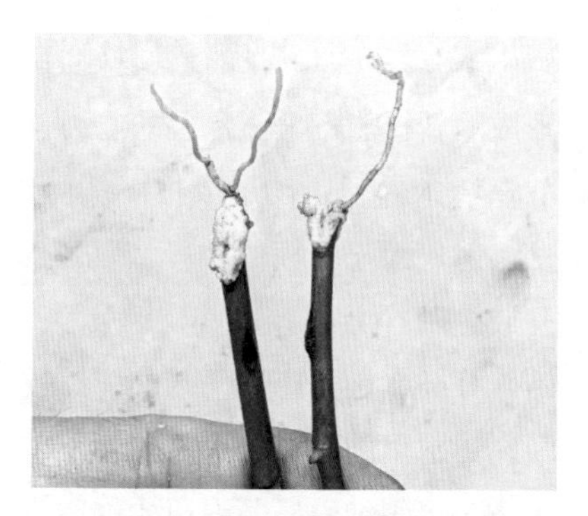

图4-2　根经过愈伤组织长出来

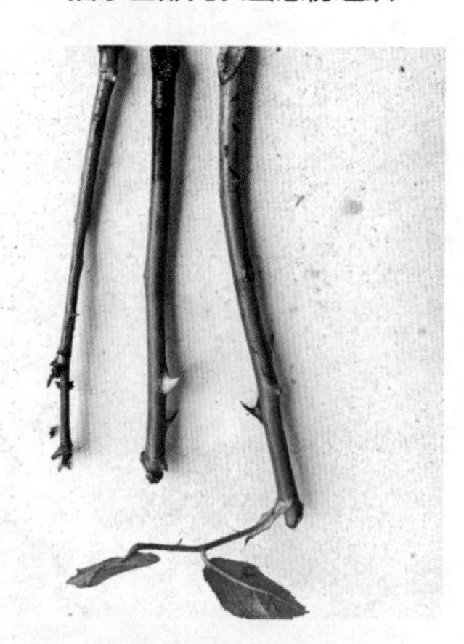

图4-3　中间是已长出愈伤组织但死亡的插条

图4-4　在节部由潜伏根原细胞长出的不定根

根，无法像在母体上时正常获得水分，而叶子仍然进行蒸腾作用使插条的水分蒸发，所以叶的存在又导致插条可能因失水而枯死。因此，通常插条叶面积越大，插条干死的可能性也越大，特别是对于生根慢的种类。一般在实际扦插时，应限制插条上的叶数和叶面积，一般留2～4个叶，大叶种类还要把叶片剪去一半或一半以上。

叶片蒸腾作用的强弱与空气相对湿度有密切关系，湿度越大蒸腾作用越小。扦插时通常采用喷水、喷雾、塑料薄膜覆盖等措施增加空气湿度，以减少插条失水。如果能够通过喷弥雾的方法来长时间保持极高的空气湿度，叶片蒸腾失水就少甚至不失水，插条带叶多也没有问题，叶片多就能制造更多的碳水化合物和生长素，这样不仅成活率提高，而且生根质量也好。

月季进行绿枝扦插时，剪取生长健壮充实、无病虫害的生长枝或刚开过花的枝条，把顶端的残花连同下面第一个5小叶的复叶部分全部剪去，再把枝条剪成至少具有3个节、长7.5～12厘米的枝段，枝段上部留2个复叶，每个复叶留2～4个小叶片，上端的小叶剪去，枝段的下部叶全部剪除（刺可不除），然后用利刀在枝段上部离节约1厘米处与芽平行的方向斜切一刀，下部切口则在靠近节下处斜切一刀，这样插条就准备好了。要注意最好在凉爽的早晨剪取枝条，此时枝叶内细胞充满水分，如果枝条或插条来不及处理或扦插，一定要放在阴湿处，以免失水。

插条生根过程中会遭受多种真菌的侵袭，严重时插条就会死亡（图4-5）。用杀菌剂处理可使插条得以成活并增进根的质量。适宜的杀菌剂有克菌丹、苯菌灵、多菌灵等，可以把杀菌剂按照说明配成适合浓度，然后把插条浸泡约5分钟即可，之后再蘸上生根粉。也可先把杀菌剂粉与滑石粉按1:1的质量比均匀混合，把浸

图4-5　插条未生根前感病死亡

过生根剂溶液的插条基部再蘸上杀菌剂。

用适宜的植物生长调节剂来处理插条基部，可以使插条生根快、生根多，市场上有多种被称为生根粉（粉剂）或生根剂（液剂）的产品出售。把浸泡过杀菌剂的插条基部（湿润但不要带液滴）蘸上生根粉，然后在准备好的扦插基质上先用小棒插出个小洞后，再把插条基部插入，插入的深度为插条长的1/3 ～ 1/2，株行距以插条之间的叶不互相重叠为宜（图4-6 ～图4-9）。插后要向基质淋足水分。月季品种繁多，不同的品种扦插生根能力也不同，有的容易生根，有的则很难生根。

图4-6　剪好的插条

图4-7　插条基部在靠近节下用利刀进行斜切

图4-8　浸泡过杀菌剂的插条基部蘸上生根粉

图4-9　插条插在珍珠岩里

（一）一般扦插

如果是用插床，插床上需搭小拱棚，上覆塑料薄膜以保湿，再覆遮阳网以遮阳。如果是用花盆进行扦插，花盆要放在阴处，切不可让阳光直射。插后如果气温在25～30℃，一般约25天可开始发根。扦插期间应特别注意管理：第一，插后10天内，空气湿度要保持85%以上，所以昼夜都要用塑料薄膜盖紧插床，而盆插则每天都要注意向叶面多次喷水，基质也要求保持湿润；第二，插后11天开始，可渐趋干燥，插床可白天覆盖薄膜，晚上揭开，并且逐渐见阳光，插床一般上午九时前至下午四时后不必遮阳；第三，扦插约20天后可接受全日照，基质可保持稍干以利于生根。当根长至约2厘米长时即可进行移植。移植时尽量不要伤根，若用盆栽，需把盆移至阴处数天以后再置于阳光充足处进行正常的管理。

（二）全光照间歇喷雾扦插

目前广东有些花场采用全光照间歇喷雾的方法来扦插月季，无论是插床还是盆插，都不进行任何覆盖而直接见光，每30分钟喷雾一次，每次喷若干分钟，夜间停止喷雾。等到插条生根后，可减少喷雾次数，保持基质湿润即可。在温度25～30℃、阳光充足的条件下，插条从扦插到生根需20多天（图4-10）。

其实在温室或塑料大棚内用全光照间歇喷雾方法扦插花卉，国外早已应用，其所喷的雾是极细的弥雾，而月季的嫩枝梢也可用作插穗。笔者曾经在美国得克萨斯州的一个花卉企业参观，其喷雾的方法是：白天每隔17分钟喷6秒钟。在苗床架上，使用穴盘为扦插容器，每个穴插1个插穗（图4-11～图4-14）。

图4-10　露地全光照间歇喷雾扦插

图4-11　嫩枝梢也可用作插穗

图4-12　扦插容器为穴盘

图4-13　定时喷雾

图4-14　拔出的插穗基部形成白色愈伤组织

用于让插条生根的材料叫作扦插基质。扦插基质要求干净，既疏松、透气、排水又能保水，一般都不需要含有营养元素。常用的基质材料有泥炭、珍珠岩、蛭石、河砂、水苔等，可单独使用或两种以上材料按一定比例混合起来（图4-15），最便宜而且普遍使用的基质是河砂。河砂虽是最常使用的基质，但其保水性差，

图4-15　用泥炭添加部分珍珠岩作为基质扦插成活的苗

所以要更多地进行浇水。用过的基质最好不要再用，否则容易感染病害，使插条死亡。如果需要二次使用，应使用福尔马林消毒。消毒时，将40%的福尔马林按1∶50的比例与水混合，喷在基质上（每升药液可施约7.75升基质），拌匀，再用塑料薄膜覆盖24小时以上。之后除去薄膜，散开基质，并多次翻动，需1～2周的时间让药气味全部消除后才可进行使用。

图4-16 用插花泥扦插成活的苗

目前也有人使用废弃的插花泥来代替扦插基质，插花泥不仅容易固定插条，而且保水透气。把插花泥切成长宽约2厘米、高约3厘米的小方块，用比插条细些的硬棒先在插花泥块中间插个约2厘米深的洞，然后再把插条插入即可。插条生根后可不用去除插花泥，直接定植于田间或上盆种植。插花泥扦插的苗基本上免去了用上述基质扦插时所需要的移植过程，不易伤根（包装运输过程也是），种植方便，成活率高，留下的插花泥对植株将来的生长也没有不良影响（图4-16）。

二、空中压条繁殖

有些月季品种扦插不易生根，若改用空中压条繁殖则情况能得以改善。因为压条繁殖时枝条还留在母体，木质部没有被切断，所以水分和营养元素仍然可由母株供应，成活与否不像扦插繁殖时的插条那样决定于生根前枝条能维持时间的长短，因此许多品种的压条繁殖比扦插繁殖更容易成功。台湾种植的切花月季，曾经就是以空中压条繁殖为主。

月季茎里面坚硬呈白色的部分叫木质部，外面部分叫树皮或表皮，树皮与木质部之间有一层肉眼无法看出的形成层，且二者之间在生长期很容易用指甲进行剥离（图4-17），剥离后树皮带有形成层更多。

图4-17 生长期的茎很容易剥皮

空中压条过程的第一步是在茎上进行环状剥皮。选好粗壮的枝条，用利刀在离茎尖15～25厘米、节的下方约1厘米宽处进行环割（深刚好到达坚硬的木质部），把树皮剥去，再用刀把木质部暴露面上的残余形成层刮净。如果不把形成层刮净，形成层细胞能不断分裂使树皮上下部分再愈合，从而使生根失败。如果能在上切口处涂上生根粉，对以后生根效果就更好。上部枝条可以再剪去部分，上下影响操作的刺也尽量剪去。

然后用湿润的基质包裹在环剥口上，可用水苔、泥炭或壤土，再用一块12～15厘米见方的塑料薄膜把基质包住，上下两端用绳扎紧，以固定基质以及保湿。或者先把塑料薄膜下端先绑紧，再填入基质，最后绑紧上端（图4-18～图4-23）。

图4-18 在节的下方进行环割

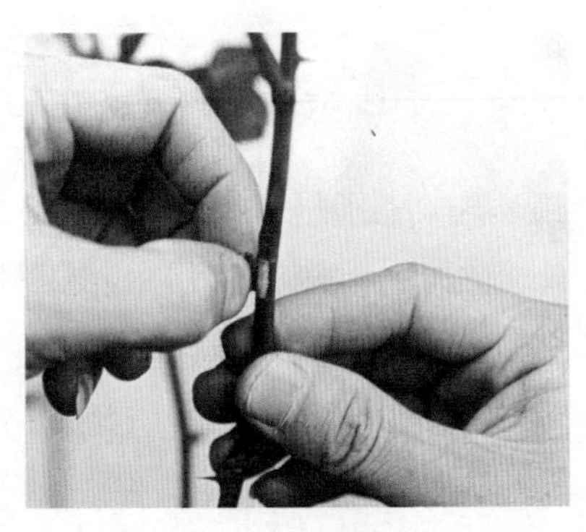

图4-19 剥去树皮

图4-20　刮去木质部上残余的形成层

图4-21　把塑料薄膜下端先绑紧

图4-22　填入湿润的基质

图4-23　上端再绑紧

当透过薄膜见到根已长出来时，就可把枝条从绑口下端剪下，小心去掉薄膜，尽量不要松落基质及伤根，再进行种植。若叶片太多，需要去除一部分叶，防止过度蒸腾失水导致植株萎蔫甚至死亡。上部枝条太长的剪去部分，留下3～5个节（图4-24～图4-28）。

图4-24　透过薄膜可以观察到根是否已长出

图4-25　剪下的生根压条苗

图4-26　把压条苗取出

图4-27　上盆种植完毕（塘泥作为基质）

图4-28　压条苗成活萌芽

三、嫁接繁殖

嫁接是指将两个植物部分结合起来使之成为一个整体，并像一株植物一样继续生长下去的技术。在嫁接组合中，上面的部分称为接穗，下面承受接穗的部分叫作砧木。

嫁接时接合部的愈合过程主要是：刚削好的具有分生能力的接穗紧密地放到刚切开的砧木切口中，使两者的形成层部分紧密靠在一起，应当有适宜的温度和湿度来促进新切口周围的细胞生长活动；接穗和砧木形成层的外部细胞层产生薄壁细胞，两者很快相互融合并连接起来，这称为愈伤组织；处在砧穗相接的形成层部分新形成的愈伤组织的一些细胞分化为新形成层细胞；新形成层细胞产生新的维管组织，向内产生木质部，向外产生韧皮部，因而建立了砧穗之间维管系统的连接，形成所需要的成功的接合部。

月季用扦插和压条繁殖方法得来的苗属于自根苗。与嫁接苗相比，自根苗根系不够强旺，生产寿命较短（据资料介绍，切花用的自根苗多在3～5年后即老化，产量降低，易染根系病害），耐高低温、耐干湿、抵抗线虫及病害能力都较差，所以国内外普遍利用嫁接苗来生产月季切花。如果利用蔷薇属野生种类作为砧木（砧木是播种的实生苗更好）进行嫁接，嫁接植株生长更好，抗逆性增强，寿命延长（一般国外以嫁接苗生产的切花植株，可保持7～10年的高产寿命）。嫁接繁殖为国外通用的切花月季繁殖模式，效果良好。在一株砧木上可以同时嫁接几个不同的月季品种，使得嫁接植株能同时开几种不同颜色的花，从而大大增加观赏价值。月季树也是使用嫁接方法培育而成的。不过嫁接繁殖时操作比较烦琐，技术要求较高。

（一）砧木的选择与繁殖

砧木以粗生的蔷薇属野生种类为多，常见的有七姊妹（*R. multiflora* 'Grevillei'）（图4-29）、白玉堂（*R. multiflora* '*Albo-Plena*'）、野蔷薇（*R. multiflora*）、粉团蔷薇（*R. multiflora* var. *cathayensis*）、大蔷薇（*R. canina*）、月季花（*R. chinensis*）等。考虑到嫁接的便利和快速性，当今国内还有利用从国外引进的无刺或刺极少的蔷薇类作砧木，多为日本无刺蔷薇（图4-30、

图4-29 七姊妹

图4-31）。砧木的繁殖可用扦插或者播种，用播种而来的实生苗进行嫁接的植株，其生活力和抗逆性比用扦插苗进行嫁接的植株更强。

图4-30　无刺蔷薇

图4-31　日本无刺蔷薇

以七姊妹的扦插为例，选择粗壮的枝条，把枝条剪成约15厘米长，叶片可全部去掉或留下一部分，其余具体过程可参照上述月季苗的扦插繁殖。由于砧木粗生，枝条很容易生根（图4-32～图4-35）。

图4-32　砧木繁殖地里的七姊妹

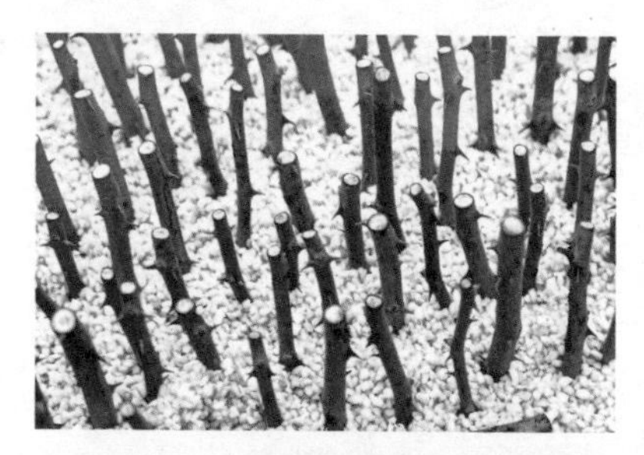

图4-33　砧木插条插在珍珠岩上

图4-34　扦插过程中砧木长出新叶

图4-35　生出许多不定根的砧木

如果砧木是带叶片在全光照间歇喷雾下进行扦插，那么在温度25 ～ 30℃、阳光充足的条件下，插条从扦插到成活出圃，约需25天的时间，成活率可达90%以上。

把生根后的砧木取出栽种在营养袋或花盆中，基质最好使用富含有机质的壤土，及时浇定根水。之后的管理主要也是浇水，基质表面见干即进行浇水。在种植后20 ～ 30天，就可用于嫁接了（图4-36 ～图4-38）。

图4-36　营养袋上先装上部分基质

图4-37　把砧木放入再填上基质

图4-38　种植成活后可用于嫁接的砧木

（二）嫁接

嫁接是否能够成功，有多个因素。第一，砧穗两者形成层部分要有大面积的紧密接触，完全吻合是不可能的，要求尽量多接触即可。第二是需要适宜的温度、水分和氧气条件。例如一般春秋季的温度都是适宜的；从形成层长出的愈伤组织都是由薄壁且饱满的细胞组成，它们很容易变干而死亡，因此接合部周围保持高湿度对这些薄壁细胞的产生很重要，所以大部分植物可用蜡将接合部全部涂封，以保持组织的水分，目前月季多利用塑料薄膜带作为绑扎材料，也能很好地保持水分；愈合组织细胞的迅速分裂和生长往往伴随较高的呼吸作用，这就需要氧气，从这点而言，用塑料薄膜绑扎的效果应比涂蜡要好。第三，砧木与接穗的质量要好。如砧木最好选用实生苗，因其根系更强大、抗逆性更好，剪切下接穗或接芽必须防止失水。第四，嫁接技术要好。除了砧穗形成层要尽量对准外，嫁接中还要求切削面要平滑（最好一刀削成）、嫁接速度要快（避免削面氧化变色）、绑扎及时和完全等，否则均易导致嫁接失败。第五，嫁接工具要好。如枝剪和嫁接刀使用前要经过消毒；嫁接刀要相当锋利，才能把切口削得十分平滑，因而嫁接速度和成活率才能提高。

月季嫁接的方法按所取材料不同，有芽接和枝接两大类。芽接是用一个芽和一小块带木质部或不带木质部的皮作接穗，接到砧木上的嫁接方法。芽接比枝接更省接穗，操作也更简单而快速，在接芽不成活的情况下在砧木上仍可继续进行补接。它还适合在砧木苗比较细的情况下使用，在适宜的条件下成活率也能高达90% ～ 100%。商业上切花月季苗的繁殖广泛应用芽接技术，图4-39为用芽接培育而成的月季树（一般接2 ～ 4个芽，主要为了更快成型）。芽接的方法又分为“T”字形芽接、贴接、方块芽接、套芽接等。

枝接则是把带有数芽或一芽的去叶枝条作为接穗接到砧木上。枝接的优点是成活率高、嫁接苗生长快，特别是在砧木较粗、砧穗均不离皮的条件下多用枝接。枝接的缺点是操作技术不如芽接容易掌握，而且用的接穗比芽接多，对砧木也有一定的粗度要求。枝接的方法又分有切接、劈接等，砧木比接穗更粗时用切接，接穗与砧木大小接近或相同时用劈接。月季树也可以用切接法培育。

下面介绍的是比较常见的“T”字形芽接、贴接和切接方法。

图4-39　用多个芽嫁接培育成的月季树

1.“T”字形芽接

嫁接之前，先在母株上剪下具有饱满芽的枝条（把残花剪去后再过约1周的时间，这时枝条上部的芽很适合），把叶片除去，然后放在水中或用湿布包住以保湿。在切芽片时为了便于操作，再把刺剥去（图4-40）。

（1）砧木切法　在准备嫁接前半天，先给砧木浇一次水。在干净的砧木离地面3～5厘米处，去掉上下4厘米范围内的刺，选择平滑处先横切一刀，深达木质部，再由横切线的中部深达木质部向下切一刀，切口长约1.2厘米，这样纵横切口就像是个“T”字。接着再用刀尖或指甲小心把树皮从纵切口向两边挑松或剥开但不剥掉。为了便于操作，可把砧木上的刺先剥去（图4-41～图4-43）。

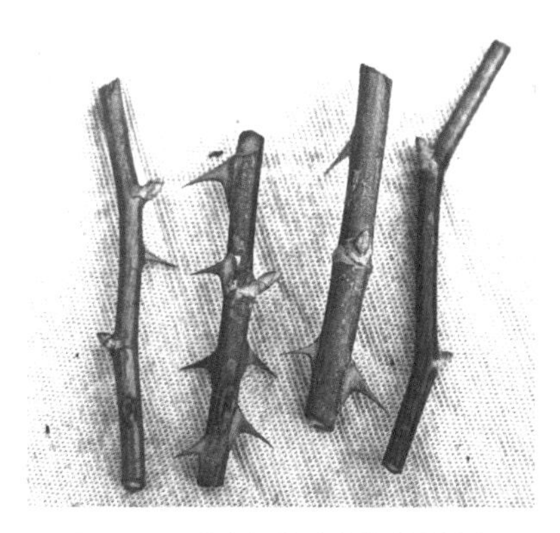

图4-40　准备好的含有接芽的枝条

图4-41　砧木上先横切一刀

图4-42　再竖切一刀，成为一个“T”字

图4-43　用刀尖把切口两边树皮挑松

（2）切取芽片　在已准备好的枝条上选取饱满芽（芽生长的时间不能太长），接着在芽的下方先斜下切一刀，深达木质部，再在芽的上方斜下用力切到木质部，再均匀平滑用暗力从上至下端切口把芽片切下，芽片总长约1厘米，宽约0.4厘米。芽片上若带有木质部，需把其剔去（图4-44 ～图4-46）。

图4-44　在芽的下方先斜下切一刀

图4-45　在芽的上方再斜下切一刀

图4-46　与茎平行用暗力往下切至下端切口把芽切下

（3）接合　用拇指和食指捏住接芽，小心把芽片放在砧木横切口处中间，对准纵切口自上而下慢慢插下，直至芽的上端刚好与砧木横切线齐平为止，芽也就没入砧木切口里面。最后用薄膜条（家用保鲜薄膜切成条状作为绑扎用效果也极好）在接芽下绕一圈，再绕到接芽上方，上下各绕2 ～ 3圈，但要露出芽尖，切口一定要被薄膜盖住，最后把薄膜条末端塞入上圈内一拉，即可扎好。绕时松紧要适度。至此，芽接作业完毕（图4-47 ～图4-53）。

芽接的时间原则上在月季的生长期都可以进行。芽接后如能在接口处遮上一层黑纸，有利于伤口愈合，直至芽萌发后再除去。如果砧木基部发生砧木芽，要及时剪去。芽接后还要注意进行正常的水、肥、松土、除草、防治病虫等管理。芽接约一周后，如果芽片或芽点已变色发黑，说明接芽已死亡，此时可另选嫁接部位重新嫁接。芽接成功后，接芽会长大，长出新叶，有几个新叶时就可把接芽上的砧木枝剪去。

图4-47　捏住芽，把芽片塞入砧木切口

图4-48　芽片上端与砧木横切线齐平

图4-49　用薄膜条在接芽下方绕一圈

图4-50　往芽上方绕一圈

图4-51　上下各绕2 ~ 3圈

图4-52　打一个圈，把薄膜条末端塞入圈内

图4-53　用力拉好

2. 贴接

上述"T"字形芽接成活率高，但速度慢。为了简化操作过程，可采用贴接法，如果操作合乎要求，成功率也高。下面介绍的主要是与"T"字形芽接中的不同之处，其余操作与上述"T"字形芽接一致。

（1）砧木削法　在砧木平滑处从上至下削一个切片，长约1厘米，宽约0.4厘米，然后留下切片基部少许，把切片切去（图4-54～图4-56）。

（2）切取芽片　选取饱满的芽，与砧木削法一样，切下一个切口大小一致的芽片（图4-57）。

图4-54　砧木上削一切片

图4-55　切片下端斜切一刀，留下基部少许

图4-56　切下的切片及切口

图4-57　切取芽片

（3）接合　把芽片吻合地贴在砧木切口上，芽片基部与砧木切口基部紧接，然后进行绑扎（图4-58～图4-61）。

图4-58　用拇指与刀夹住芽片与砧木接合

图4-59　紧接砧木切口基部及切面的芽片

图4-60　绑扎

图4-61　一个多月后嫁接苗上的接芽长叶情况

芽接主要在每年植物生长活跃、形成层细胞迅速分裂的季节进行，因此在春夏秋三季都可进行芽接。但同时也需要有合乎要求的发育良好的芽，所以对于大多数种类来说，在北半球一般在三段时间进行芽接：7月末至9月初（又叫秋季芽接）、3月到4月（春季芽接）、5月末到6月初（六月芽接）。但是在不同的地区、不同种类芽接时间也并非完全相同。

在广东珠江三角洲一带一般都采用贴接法来嫁接切花月季。砧木的繁殖时间通常在立秋以后，此时广东地区雨水减少，白天阳光充足，昼夜温差较大，有利于砧木生根成活。而嫁接时间则在11月中下旬开始至翌年3月（月季在珠江三角洲一带冬季一般不休眠），这段时间嫁接成活率较高。4月后雨水较多、湿度大，嫁接成活率较低。

芽接后注意检查成活情况，成活后要及时除去绑扎物，芽接未成活可在其上或其下进行补接。秋季或夏末或冬季芽接的若在翌春发芽，在发芽时应及时剪去接芽以上的砧木，以促进接芽萌发。其他时间芽接的可待成活后即进行剪砧。由砧木基部所发出的芽，均要随时彻底摘除，以免消耗水分和营养（图4-62）。

3. 切接

（1）接穗处理　将接穗剪成5～10厘米，需带有2～3个比较饱满或饱满的芽，把叶片连同叶柄一起剪去，剥去刺，上部切口按照前面所述的标准切口进行剪切，基部所留下的节间部分尽量长。把基部节间部分削成两个楔形削面，一长一短，先把长削面削掉1/3以上的木质部，长约2厘米，然后在长削面的对面削成长约1厘米的短削面，尽量使尖端削得尖平。

图4-62　砧木基部所发出的芽要随时摘除

削接穗时，应用左手握稳接穗，右手推刀斜切入接穗。推刀用力要均匀，前后一致，推刀的方向要保持与下刀的方向一致。如果用力不均，会使削面不平滑，而中途方向向上偏会使削面不直。一刀削不平，可再补一刀，使削面达到要求。最好两面都是一刀削成。未能及时嫁接的接穗，可放在水中或用湿布包住以保湿（图4-63～图4-70）。

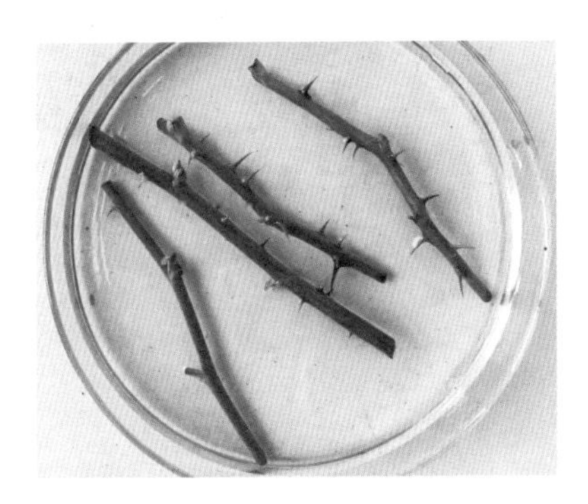

图4-63　接穗放在水里保湿

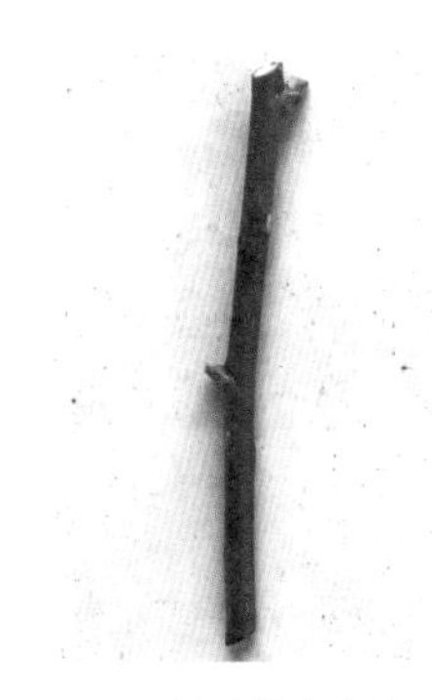

图4-64　接穗剪去上部和去刺

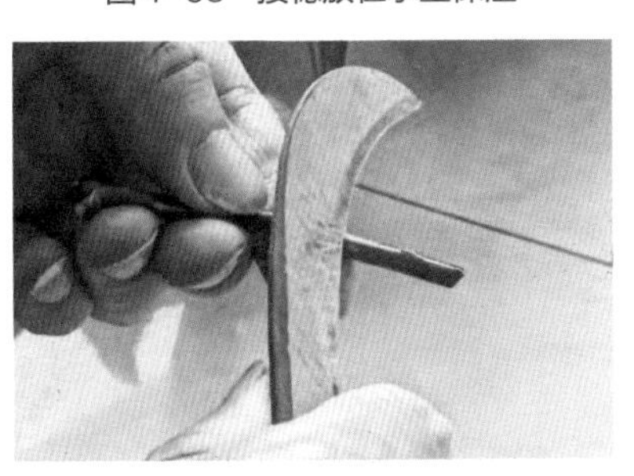

图4-65　先削长削面

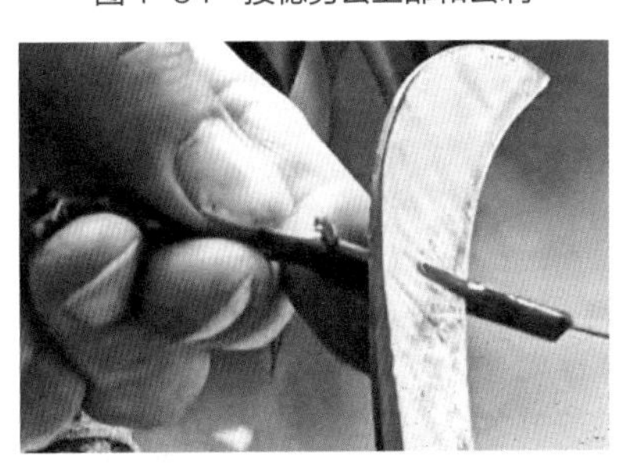

图4-66　削时力度和方向保持一致

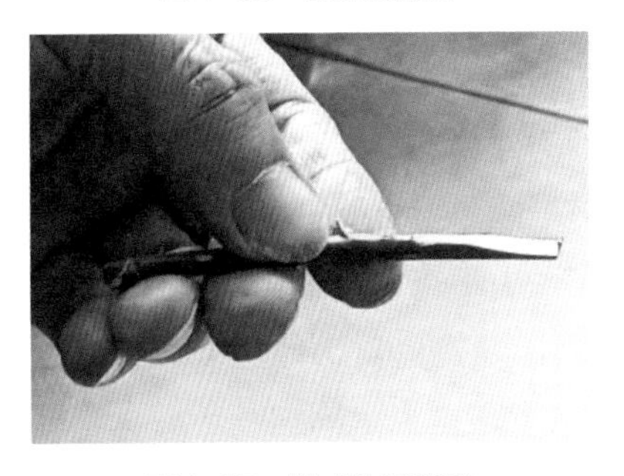

图4-67　削成的长削面

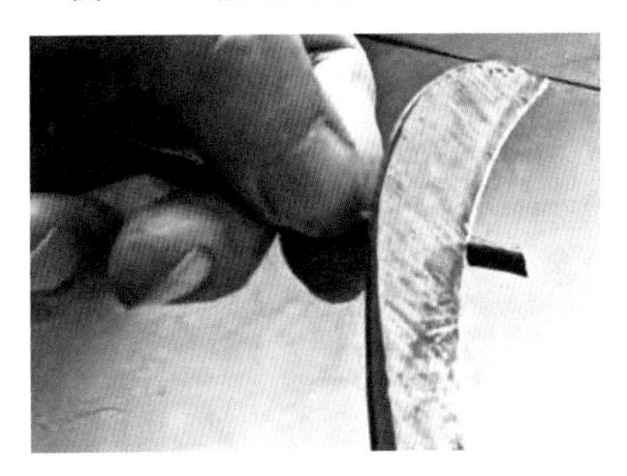

图4-68　再削短削面

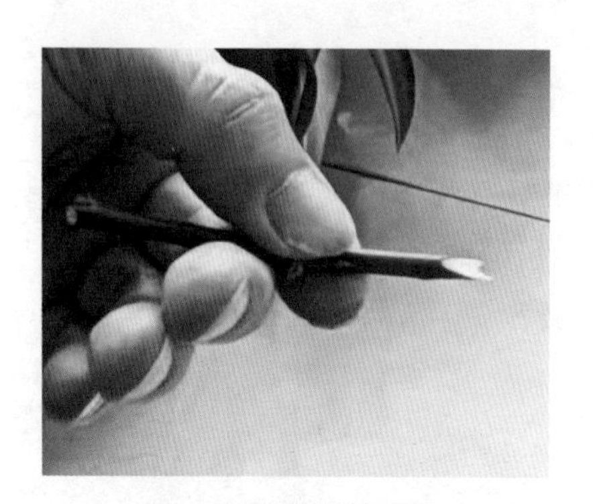

图4-69 削成的短削面

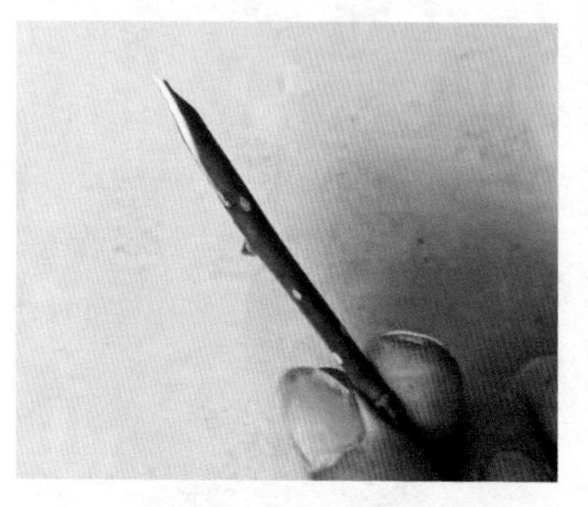

图4-70 削好的接穗

（2）砧木处理 将砧木的刺先剥去，然后从距地面几厘米至10厘米左右处平平剪断，再按照接穗的粗度，选择适合的位置，用刀自上而下劈开一条裂缝，深度与接穗的长削面相同（图4-71、图4-72）。

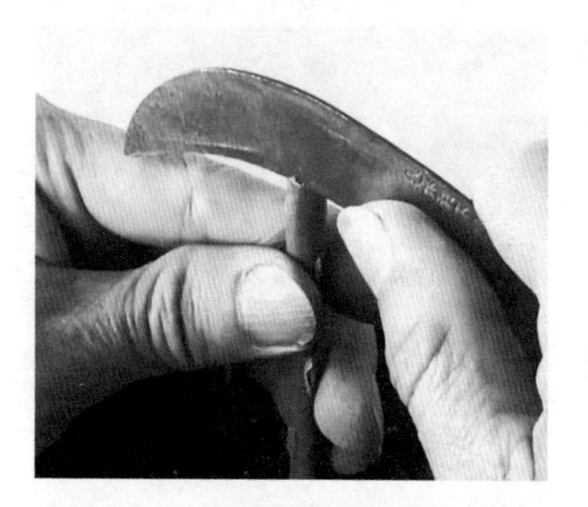

图4-71 按照接穗粗度选择适合的位置开始削砧木

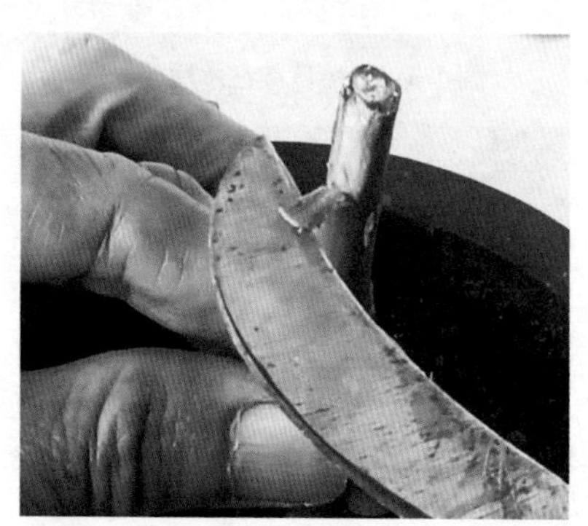

图4-72 削好的砧木

（3）接合 把接穗长削面向里，插入或放入砧木劈口，两者形成层对准靠齐，如果不能两边同时对准，对准一边亦可，然后用保鲜薄膜条或塑料薄膜条进行绑扎。绑扎时，用左手手指按住薄膜条先端和接合口下部，用右手把薄膜条往上绕2～3圈，到接合口上部再绕2～3圈，之后再往回绕到开始处，最后把薄膜条末端塞入上圈内稍用力拉紧打结。为防止接穗失水，可用一个小的塑料袋把接穗和接口套住，下面绑紧，待接穗抽生新梢后再将其去掉（图4-73 ～图4-84）。

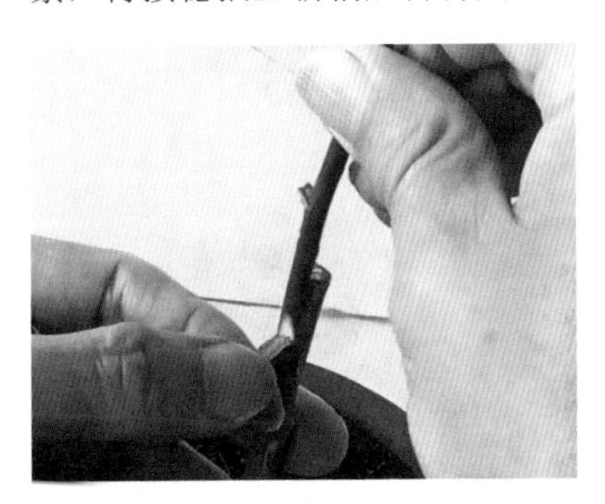

图4-73　接穗长削面向里插入砧木，两者形成层对准靠齐

图4-74　用左手手指按住薄膜条先端和接合口下部

图4-75　用右手把薄膜条往上绕2 ~ 3圈

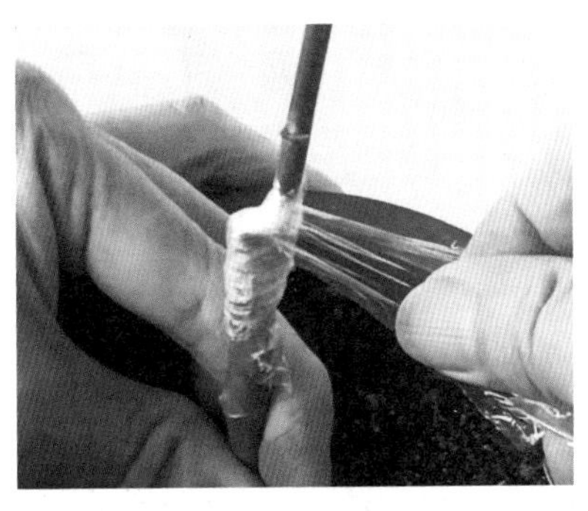

图4-76　到接合口上部再绕2 ~ 3圈

图4-77　再往回绕

图4-78　往回绕到开始处

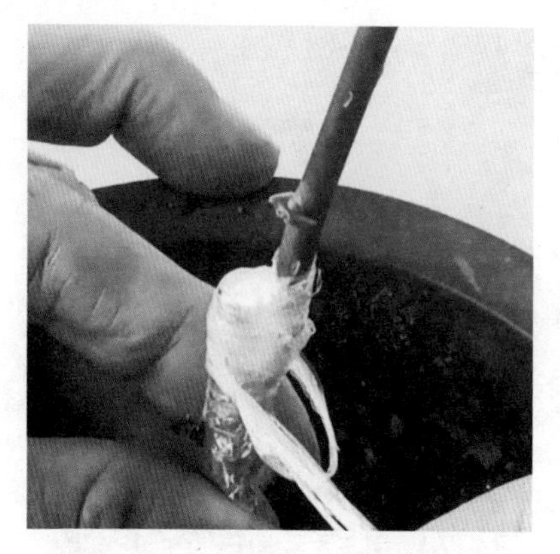

图4-79　把薄膜条末端塞入上圈内

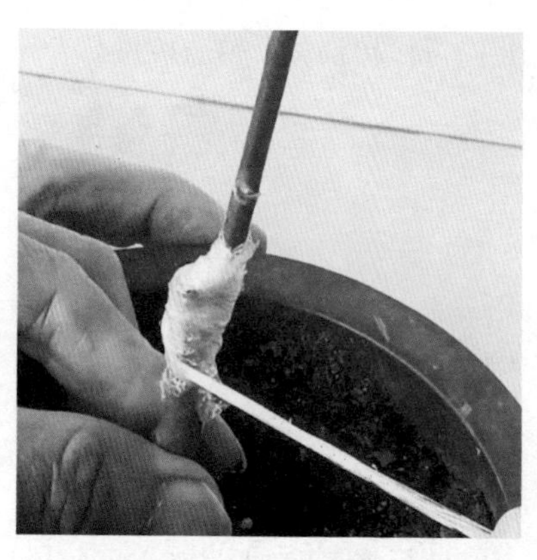

图4-80　稍用力拉紧打结

图4-81　剪去多余的薄膜条，枝接完毕

图4-82　枝接成功，接穗上的芽萌发成枝

图4-83　枝接（劈接）成功后除去薄膜条，可看到砧穗已愈合生长成一体

图4-84　接穗枯死，切接失败

四、播种繁殖

月季杂交培育新品种，必须进行播种得到新植株，开花后再进行筛选，嫁接所需要的砧木也可通过播种繁殖而来。月季种子具有休眠特性，自然萌发率很低。可以通过冷湿处理来打破休眠，常用的方法是把刚成熟的种子存放在湿润、低温和通气的环境条件下贮藏一段时间，这也就是常说的种子冷湿贮藏或湿藏法。

月季种子湿藏的具体方法是：把成熟果实中的种子取出，再与约3倍量的湿河砂（砂的湿度为饱和含水量的50%～70%）混合在一起，装入塑料袋或容器中密封，再放入1～5℃的低温环境中，冷藏1～3个月后再进行播种。注意种子不能干燥，干硬的种子即使经过冷湿贮藏也可能不发芽。图4-85为家庭少量种子贮藏前的处理方法，把种子放在湿砂上后再覆上一层砂，然后盖上小铁盒盖，再把小铁盒放在冰箱里贮藏即可。也可以把整个果实进行上述湿藏，贮藏之后再从中取出种子直接进行播种。

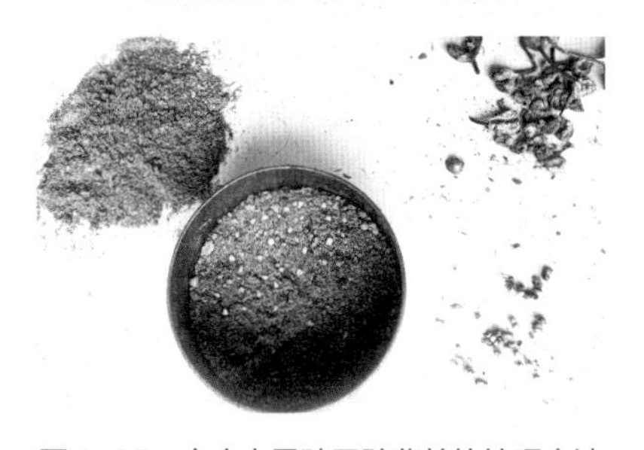

图4-85　家庭少量种子贮藏前的处理方法

泥炭是很好的播种基质，也可在泥炭中再混入约1/3量的河砂或珍珠岩，播种深度为种子大小的3～4倍。在适宜的条件下，月季种子从播种到发芽大概需要10～40天的时间，种子本身及其成熟度是影响发芽的主要内在因素，温度是影响发芽的最重要环境因子。即使同一个果实里的种子也因为个体有差异，出芽快慢不一。从种子发芽到植株开花，通常需要3～6个月的时间，其长短取决于种子本身、种植环境、管理水平等因素。图4-86～图4-92显示的是笔者在广州于2023年12月从一批经过冷湿贮藏的混合种子中，取少量进行播种后的发芽和开花情况（广州12月的平均温度范围在12～20℃，一般年份都可以进行播种）。

图4-86　播后第19天第1粒种子伸出子叶

图4-87　播后第25天长出的第一批3棵小苗

图4-88　播后第33天长出的第二批2棵小苗

图4-89　播后第52天长出的第三批2棵小苗

图4-90　播后第92天第1棵苗开的花

图4-91　播后第97天第2棵苗开的花

图4-92　播后第102天第3棵苗开的花

图4-93　播后第111天第4棵苗（第一批第1颗）开的花

第五章

玫瑰和月季露地栽培主要技术

本章介绍露地切花月季的主要栽培技术。广东可以说是国内进行月季切花商品化生产的领头羊。从20世纪80年代末开始，位于珠江三角洲地区的广州、深圳、珠海等地就进行了切花月季品种的引进和栽培，并进行了栽培技术等方面的研究工作。随着月季在广东安全度夏问题的解决，广东的月季生产面积迅速扩大，高峰期曾发展至上万亩。

广东珠三角地区冬季具有温暖的条件，因而能够露地生产切花月季（图5-1）。在珠三角一带，由于冬季会出现5℃以下的低温，所以露地栽培的切花月季品种，除了具有前面所述的对切花品种的要求外，还应具有在这种低温条件下能正常现蕾、开花以及花瓣不容易受害的特点。另外，广东春雨连绵、夏季台风暴雨多且高温高湿，月季黑斑病发生也特别严重，所以切花品种还应能够耐高温高湿的环境，对黑斑病具有良好的抗性。比较适宜的品种，有‘莫尼卡’‘红衣主教’‘荔枝’‘萨蒙莎’‘雪山’‘糖果雪山’‘蜜桃雪山’‘粉红雪山’‘玛丽亚’‘大丰收’‘芬德拉’‘金奖章’‘坦尼克’‘洛神’‘白成功’‘卡罗拉’‘辉煌’‘香槟’‘新娘’‘贝拉米’‘外交家’‘戴安娜’‘苏醒’‘克劳德·莫奈’‘芬得拉’‘朱丽叶’‘传奇’‘法国红’‘凯丽’‘冷美人’‘真宙’‘红双喜’‘佩尔朱克’‘海洋之歌’‘诱惑’‘温柔珊瑚心’‘珍爱’‘皇宫’‘紫霞仙子’‘蒙娜丽莎’‘艾莎’‘卡布奇诺’‘黑魔术’‘梅朗口红’‘高原红’‘摩纳哥王妃夏琳’‘秋日胭脂’等。

图5-1　广东珠三角地区露地生产月季切花

一、选择适宜的栽培场地

月季应选择能让太阳光直射、空气清新、通风良好的南向开阔地作为栽培场地。月季虽然喜水，但也怕浸水。在南方因为雨水多，周围排水要通畅，以防雨季或暴雨让植株受到水淹。

二、土壤改良

（一）改良土壤质地

土壤由空气、水分、矿物质、有机质和微生物等组成。空气和水分存在于矿物质和有机质颗粒之间的孔隙中。

矿物质是由岩石经过几百年或几千年通过风化作用而分解形成的大小不一的颗粒。颗粒的大小差别很大，通常把有用的颗粒分为砂粒（直径为0.02～2毫米）、粉砂粒（直径0.002～0.02毫米）和黏粒（直径小于0.002毫米）这三级。土壤的质地是指土壤中这三种粒级所占的比例。根据质地不同把土壤分为砂土类（含砂粒较多）、壤土类和黏土类（含黏粒较多）这三大类，每大类下又可再分为几种，如壤土类分有砂质壤土、壤土、粉砂质壤土、砂质粉壤土、黏壤土和粉砂质黏壤土这六种。

通常颗粒越大，它们之间的孔隙也越大。砂粒间的孔隙称为大孔隙。在大孔隙中，水分移动和渗透很快，水分排走后空气补充进入，所以大孔隙也叫做通气孔。黏粒之间的孔隙很小，叫做小孔隙，小孔隙能持久地保持水分。黏粒由于颗粒极小，带有负电荷，能够吸附如K^{+}、Ca^{2+}、Mg^{2+}等阳离子而使它们不容易被水淋洗掉，所以黏粒具有保肥能力。

砂土类由于含砂粒多，也就是大孔隙多，因此排水性和通气性很好。砂粒不易黏结在一起，因此显得疏松，土壤疏松的特性既能使根深深地扎下去，而且也容易耕作。但是由于砂土类含黏粒少，保水与保肥性差。

黏土类含砂粒少，含黏粒多，所以保水和保肥性好。如果黏粒不能够黏结在一起形成团粒，那么黏土类土壤排水与透气性差，容易积水和板结，根系不易深入生长，而且不易耕作。

壤土类土壤所含的各粒级比例较协调，其含有足够的砂粒，利于排水和通气；又含有足够的黏粒，可保持水分和营养元素达到作物需要的程度；而且其耕性也较好。

栽培月季土壤要求肥沃疏松、既排水透气又保水保肥，pH值为5.5～6.5。在上述三种质地的土壤当中，壤土类是更适宜月季生长的理想土壤，而以砂壤土更好。把不适宜的土壤改变成适宜的土壤，称为土壤的改良。土壤改良可分为完全改良和部分改良。如果现有土壤不适合，可以换用适宜的土壤，这种为根系层带来新土的方法称为完全改良，由于所需的成本太高，一般难以实现。通常采用的办法是部分改良，就是向现有的土壤掺和一些材料，来改善其不良的特性。

砂土类保水与保肥性差，虽然可以通过增加浇水施肥次数的方法使月季生长良好，但是成本也随之增加，水肥的流失浪费也更多。砂土类改良可以向其混入黏土类土壤。没有良好团粒结构的黏土类排水与透气性差，这样的土壤月季无法生长良好，一定要进行改良。黏土类的改良方法即可以向其混入砂土。如果在黏土中直接加入更容易得到的砂子呢？遗憾的是砂子通常是一种低效能的土壤改良物质，它甚至能使黏土产生一种胶泥状的混合物，因此在未见成效前常需要把大量的砂子混合到根系层。

掺和富含有机质的壤土，对改善黏土和砂土的质地都有良好的效果。方法是15～20厘米厚的现有土壤可均匀混入5～10厘米厚的壤土。当整个根系层的土壤质地都能改善时，效果最好。

但是，上述的这些改良土壤质地的方法，存在着所需要的黏土、砂土或壤土不容易找到的问题。

（二）改良土壤的结构

在自然界中，土壤固体颗粒完全呈单粒状况存在是很少见的。在内外因素的综合作用下，土粒相互团聚形成大小、形状和性质不同的团聚体，这种团聚体称为土壤的结构。在多种土壤结构类型中，有一种结构叫团粒结构，是指颗粒黏结在一起形成的近似球形、疏松多孔的小团聚体，其直径为0.25 ～ 10毫米。

结构不好的黏土类主要由小孔隙所组成，排水透气性不良。但是如果黏粒与黏粒之间能够互相结合在一起形成一个个团粒，团粒甚至比砂粒还大，结果增加了大孔隙度，排水透气性因而得到了改善，而团粒内部仍为小孔隙。正如《土壤学》中所说的："一个团粒就是一个'小水库''小肥料库'。"所以团粒结构是月季生长最好的土壤结构。要注意团粒与团粒之间并不是紧密结合在一起的，具有团粒结构的土壤是疏松和松散的。

土壤之所以能够形成团粒结构，主要是土壤中存在的有机质在起作用。土壤中的有机质，是泛指以各种形态存在于土壤中的各种含碳有机化合物。我国各地耕地土壤层的有机质含量一般在5%以下，华中和华南一带的水田，一般在1.5% ～ 3.5%。有机物经过土壤中微生物的作用一部分直接分解成为简单的无机化合物，如NH_3等，从而为作物提供营养；另一部分则会形成一种叫做腐殖质的物质，其在土壤中能存在较长的时间。

腐殖质是有机质经过微生物分解和再合成的一种褐色或暗褐色的大分子胶体物质，它与矿物质土粒紧密结合，不能用机械方法分离。腐殖质是有机质的主要成分，在一般土壤中占有机质总量的85% ～ 90%。就是这种腐殖质能将土壤黏粒颗粒凝结在一起，没有这种有机的"黏着"，团粒结构就不可能存在。腐殖质还有其他作用，其本身疏松、多孔、透水、透气，又是亲水胶体，能吸收大量的水分，它比黏粒的吸水率大10倍左右；带有正负两种电荷，以带负电荷为主，能吸附阳离子而具保肥能力；是一种含有许多功能团的弱酸，能提高土壤对酸碱度变化的缓冲性能。由此可见，有机质在土壤中的作用是十分重要的，这也正是我们通常说栽培作物的土壤需要富含有机质的原因。

如前所述，没有良好团粒结构的黏土类一定要进行改良，通过加砂土或壤土的方法进行质地改良不易实现，一般采用改善黏土土壤结构的方法，即在黏土中加入富含有机质的材料，促进土壤团粒结构的形成，从而增加其排水透气的功能，而且增加其耕性，相对来说这种改良方法的花费不大且有效。实际上，在砂土中加入富含有机质的材料也是很好的，因为有机质本身及其形成的腐殖质能大大提高砂土的保水、保肥性能。即使是壤土类，加入富含有机质的材料也只有益处。

为了使月季生长良好，在种植前需要施用含有大量有机质的材料来改良土壤的结构或不良特性。常见的材料有泥炭、椰糠、腐熟的有机肥、菇渣（种植食用菌后丢弃的废渣）、稻田秸秆、甘蔗渣、锯末、中药渣等。10～15厘米深的土壤中渗入5厘米厚的有机质材料，能够达到最好的效果，再多除了成本增加也没有其他坏处。据广东资料报道，月季根系集中在50厘米深的土层内，所以改良土壤的深度至少宜达到50厘米，再深些更好。因此，这种改良土壤的方法需要使用大量的有机质材料。有机肥因同时含有大量的营养，改良土壤的效果更好，但是有机肥是肥料，作为改良土壤材料成本太高、太浪费，因此一般只是用于穴施作基肥。如果其他的有机质材料也不多，也可采用挖穴的办法把有机质材料与下面根系层土壤混匀。

月季是多年生植物，在国外一般种植6～8年后进行淘汰重新换过种苗。在《现代月季（玫瑰）切花生产技术规程》（DB440100/T 88—2006）中提到，月季扦插苗种植2～3年后宜更换，嫁接苗种植4～5年后宜更换。虽然前期土壤改良的投入大，但能够在较长时间内维持月季的良好生长，切花产量和质量也得到了明显提高，因而具有事半功倍之效果。由于有机质形成的腐殖质最终也会被分解成简单的化合物，所以栽培月季的土壤最好每年都能够补充有机质材料，方法是在株与株的中间挖沟或挖穴施入，也可施在表土然后浅锄翻入土中。

（三）改良土壤pH值

1. 提高土壤pH值

南方土壤偏酸，需要提高其pH值才能够让月季生长良好。通常使用含钙的石灰物质来提高土壤pH值，因为钙能中和酸度。加石灰物质于土壤中有益的方面还有，钙本身是植物所需的营养元素，且有助于团粒结构的形成，因为黏粒表面带负电荷，钙离子带正电荷，异性电荷互相吸引，钙趋向结合黏粒颗粒，成为团聚体。

常见的石灰物质有生石灰、熟石灰和石灰石粉（石灰石磨成的粉末），前二者国内使用较多，国外通常使用后者（使用量见表5-1），使用时都要与土壤均匀混合。熟石灰的用量可如此进行计算：10厘米深的土壤1平方米面积用100克熟石灰可提高pH值1个单位。

表5-1　改变土壤pH值到5.7所需材料的近似数量

原来pH值	砂土/（千克/米^2）	黏壤土（千克/米^2）
加石灰石粉或等量钙提高pH值到5.7		
5.0	0.6	0.4
4.5	1.2	2.1
4.0	2.1	3.0
3.5	3.0	4.4
加硫黄粉或酸性材料降低pH值到5.7		
7.5	0.6	0.9
7.0	0.3	0.6
6.5	0.2	0.2

由于一些化学肥料如碳酸氢铵、硫酸铵、尿素、磷酸铵等也可作为基肥使用，有些介绍月季栽培的资料中也有提到把这些化肥作为基肥，在这种情况下就必须注意：不应同时将石灰物质和化肥施在土壤上。如果一起施用，氮会变成气体而损失，磷会被钙和镁固定，凝固在不溶解的无效化合物中。应该在施肥前一周撒布石灰，或在撒布石灰前一周施肥。

除了种植前对土壤进行提高pH值外，还应在栽培过程中经常施用一些如硝酸钙、硝酸钠等肥料，能使土壤趋向碱性，这些肥料又称生理碱性肥料，因为施用后作物选择吸收了肥料中较多的阴离子而产生了碱的缘故。

2. 降低土壤pH值

土壤pH值太高，通常使用元素硫来降低pH值，商品是硫黄粉，使用量见表5-1，施用后的酸性有效期可维持2～3年。

在土壤中增施有机质材料也有助于降低pH值，因为有机质分解释放有机酸。在栽培中施用酸性和生理酸性肥料，对降低土壤pH值也有一定的作用。其中如过磷酸钙、重过磷酸钙等肥料本身呈酸性；而像硫酸铵、氯化铵等称为生理酸性肥料，它的酸性是由于作物选择吸收了肥料中较多的阳离子而产生的。

三、土壤准备、整地和作畦

杂草如果严重，可事先用除草剂如草甘膦等进行根除，在施用后整地前等待7天。有时也采用一些化学药剂来熏蒸土壤，以杀死杂草、杂草种子、害虫、病菌和线虫。熏蒸很有效，但花费高、耗时长，使用某些有毒药剂还可能发生危险。

用机具来翻耕疏松土壤，以促使水分、空气和根系的进入。土壤太干或太湿均不宜翻耕，如果此时翻耕，容易破坏土壤的团粒结构，而且费时费力。判断土壤是否太湿，可用手抓一把土挤成一个球，如果该球落到地面时仍黏在一起，则说明太湿不宜耕作。土块一般耕成0.5～2厘米大小的土粒为适，在翻耕的同时结合清除石块、瓦片、玻璃、树枝等杂物以及除草工作。

月季根系集中在50厘米深的土层内，所以翻耕的深度至少宜达到50厘米，再深些更好。随后把需要加入的有机质、石灰材料等均匀撒上，也可在翻耕前先撒上这些改土材料。土壤翻耕后若能让强光暴晒几天，可以杀死一些病虫。

作畦的方式依地区、地势、作物种类和栽培目的不同而异。畦一般呈南北向，高畦（畦面高于通道）多用于南方多雨地区以及地势较低、水位较高或排水不良处，以利于排水；雨水较少的北方和地势高燥地区宜采用低畦（畦面低于地面或通道）。畦的宽度以便于操作为原则，一般为1～1.5米。畦高以有利于排灌为准，一般为20～30厘米（图5-2）。

图5-2　整地作畦

由于月季怕积水，在广州原水稻田和在易积水的地方栽培的月季，都起了更高的畦以及在地中挖深排水畦沟，以利于快速排水。如图5-3所示，隔行挖畦沟、隔行作工作通道，畦沟平时留水又可作为灌溉水沟。有的生产者没有留过道，全部是畦沟（图5-4），这种做法不利于田间的操作管理。

图5-3　两畦中间为过道，四周为畦沟

图5-4　全部是畦沟

施基肥可在作好畦后进行，也可结合翻耕进行，通常进行穴施，也可沟施。

四、种植密度

在我国，露地切花月季的栽植密度为每平方米1.7～2.7株，每畦种两行至三行，每亩种1190～2020株。

在广东，对切花月季的栽植密度有过两种分歧，一种认为需疏植，通过单株多花来取得高产，并认为疏植能获得花枝更长、花朵更大的切花产品；另一种认为应通过密植来获得高产。

一般切花月季种植密度与品种、株形集散程度、水土条件、施肥、留花数量、修剪程度以及其他管理水平都有关系，所以具体种植密度应根据当时、当地的各种条件来综合考虑。月季专家邝禹洲先生认为，采用每畦种两行，呈等腰三角形种植，株距50厘米、畦宽120厘米、畦沟25厘米，亩植1568株的方式比较适合当前广东大多数条件及管理水平。在原来的水稻田种植需挖深畦沟排水，加大了畦距，从而适当减少了亩植株数；山坡旱地土质浅瘦，可适当提高种植密度。笔者在原为水稻田的地里种植切花月季，密度是每亩1200～1500株。

五、施基肥

（一）施肥原理

所有的物质都是由元素所组成。在植物体内可以找到地壳中存在的几十种元素，但是植物生命活动过程中必不可少的元素即必需元素，只有17种：碳（C）、氢（H）、氧（O）、氮（N）、磷（P）、钾（K）、钙（Ca）、镁（Mg）、硫（S）、铁（Fe）、硼（B）、锰（Mn）、铜（Cu）、锌（Zn）、钼（Mo）、氯（Cl）和镍（Ni）。缺少其中任何一种，植物就不能成功地完成它的生命周期。

植物必需元素根据其在植物体内含量多少，分为大量元素和微量元素两大类。大量元素是指植物需要量较大的元素，在植物体内的含量较高，包括碳、氢、氧、氮、磷、钾、钙、镁和硫9种。剩下的8种为微量元素，是指植物需要量较少的元素，在植物体中的含量较低。

新鲜的植物体75%～95%都是水（H_2O），水是由植物根系从土壤中吸收获得。植物能够吸收空气中的二氧化碳（CO_2）进行光合作用。所以植物体内的碳、氢和氧3种元素来自水和空气，而且一般不存在缺乏的问题。

除了碳、氢和氧外，植物体内剩下的14种必需元素也来自土壤，由根系吸收获得。在这14种必需元素中，铁、硼、锰、铜、锌、钼、氯和镍这8种微量元素植物需要量少，而一般土壤中也都会含有足够的量能满足植物需要，所以不必再额外人为补充。对于钙、镁和硫这3种元素来说，钙和镁在通常情况下因施石灰（石灰中含大量的钙和一些镁）而提供给了土壤，而硫也可因使用某些含硫肥料和杀虫剂以及酸雨（空气中二氧化硫污染）而在土壤中积累，所以在一般土壤中，钙、镁和硫的含量也能满足植物的需要，不必再额外补充。最后剩下的氮、磷和钾这3种元素，在土壤中就容易出现不足的问题。

由于植物对氮、磷和钾的需要量比较大，而一般土壤中存在的量又不足以满足植物生长发育的需要，所以在花卉栽培中，氮、磷和钾这3种营养元素最值得我们关注，必须经常给予人为补充。

当土壤不能提供花卉所需要的营养时，就必须施肥。施肥就是向花卉补充营养元素的措施。凡是含有植物所需要的营养元素的物质，都可称为肥料。由于在花卉栽培中氮、磷和钾最容易缺乏，所以又被称为肥料的三要素，其中氮又最可能出现缺乏情况，这是因为在一般土壤中含氮并不丰富（氮主要存在于有机质中），而且其中的NO_3^-又不能被土壤黏粒和腐殖质吸附保存。

肥料一般分为三大类：有机肥、化肥和微生物肥，前两类使用普遍。

凡是营养元素以有机化合物形式存在的肥料，称为有机肥，也叫农家肥。有机肥种类多、来源广，一般含营养元素全面（基本上各种必需元素都有）、营养元素释放缓慢而持久（有机肥中的营养元素以有机化合物形式存在，根系不能够直接吸收利用，需要经过微生物慢慢分解才能成为根系能够吸收的有效态——简单的离子形式），有机肥中含有的很多有机质还能改良土壤的结构。有机肥的不足之处主要在于含有的氮、磷和钾元素的量较少、释放不稳定（微生物的活动受温度的影响很大），有些还不卫生，含有杂草种子和病虫害等。正是由于有机肥的肥效较慢，所以通常作为基肥使用（基肥是指定植之前施入田间的肥料）。必须注意的是，有机肥一定要经过堆沤腐熟才能使用，否则会因为其发酵产生高温而导致根系烧伤甚至烧死。

常见的有机肥有厩肥（猪、牛、马等家畜的粪便）、家禽粪（鸡、鸭、鹅等家禽类的粪便）、堆肥、饼肥（油料植物种子榨油后的残渣，有豆饼、花生麸、花生饼、菜籽饼等），由于厩肥和家禽粪不卫生，目前市场上出现了一些经过处理加工的商品有机肥。

（二）基肥使用方法

厩肥和家禽粪一般只是用于穴施作基肥。由于磷肥中的过磷酸钙也常作为基肥，把过磷酸钙与有机肥混在一起施效果更好。穴施时，在要定植月季处挖个大穴，把有机肥施入然后再盖回泥土，或者把有机肥与土壤一起混合之后再盖回泥土，在泥土上面再种植幼苗。根据德国公司的资料显示，牛粪或马粪是最适合的。

由于月季长时间甚至一年四季都开花不断，要保证其生长开花良好，需要施比较多的肥料。对于地栽月季施多少有机肥为好是一个无法明确的问题，这与有机肥本身种类多、各地方有机肥的种类不同、种植密度等也有很大的关系。像厩肥所含营养元素并不多而且释放缓慢，不存在像化肥那样施多时会烧伤根系这样的问题，施多比施少一般只有好处没有害处，太多只是造成浪费而已。因此，穴施有机肥时，每穴可施若干千克，具体可根据成本来决定。

由于有机肥最后也会被完全分解掉，所以最好每年都能够再施一次有机肥，方法是在株与株的中间挖沟或挖穴施入，也可施在表土然后浅锄翻入土中（图5-5）。

图5-5　施有机肥后要浅锄埋入土里

六、栽植

在一年中任何时间都可栽种月季，但是在南方最好是在冬、春季栽种，北方则在冬季封冻之前和春季解冻之后栽种为好。

如果购买回来的或自繁挖起的裸根苗，由于种种原因暂时不能种植，则需要把苗进行假植：在阴凉的地方挖“V”字形沟，把苗单行排在沟内，用泥土或砂覆盖根部及茎的下部，轻轻压紧，浇水保湿。在幼苗要栽种到田间时若发现茎或根有干缩现象，可将根及茎下部浸入清水中数小时，以让幼苗吸足水恢复饱满。

在栽种前先对苗进行一次修整，用锋利的枝剪剪去破损的枝条、干枝、病枝、损伤的根、过长根等。在畦上需种植处挖穴，把根舒展在穴内，填泥土。如果是带基质的苗，小心地把基质完整置于穴内，填回土于空隙处。定植穴应深些，使植株根系能够垂直放置。对于嫁接苗来说，嫁接芽应该距离土表约两指宽处。定植高度很重要，定植过浅的植株容易折断，长势也弱。定植后要及时浇上一次透水，即所谓的“定根水”。

裸根苗栽植后的两个星期内，要特别注意水分管理，当土壤表面干了就要进行浇水。

七、修剪

修剪是切花月季生产上极为重要的一个环节。合理的修剪具有调整树形、合理地利用空间和阳光、减少病虫害、提高树苗的生活力、保持合理的开花结构、改善切花品质、调节花期等作用。用于修剪的枝剪刀口要十分锋利。

（一）植株养成修剪

刚栽植的月季小苗不宜让其开花，如果让其开花，会消耗大量的养分，因而会使植株发育滞后，引起植株早衰，甚至死亡。所以小苗期若见有花蕾，要把小花蕾连同下面第一个具5个小叶的复叶一起剪除，其他叶尽量保留（图5-6）。小苗栽植到一定的时间，会从基部发出粗壮的新枝条，当这种枝条有花蕾出现时，剪除枝条约1/3长度，留下的部分即为养成的主枝（图5-7）。由主枝上发出的开花枝，有一定长度才开始生产切花，否则应再剪除包括第一个具5小叶的复叶在内的以上部分，继续培养强壮的主枝。如果植株有3个以上主枝时，则植株已基本成形。一般栽培月季都会留有4～7个主枝。

图5-6　小植株尽量不留花蕾而留叶子

图5-7　植株基部发出粗壮的新枝，当有花蕾时，剪去约1/3长

所有在枝条上进行的修剪（包括剪下切花），都要注意标准切口的问题。剪口都要求斜剪，方向与芽的方向一致，剪口必须正好在节的上方，切口斜面上缘略高于腋芽约0.2厘米，视枝条粗细而定，粗者留长，细者留短；切口的下缘不得低于芽根的位置，以距芽根0.5厘米左右的距离为好（图5-8）。这样切口呈45°～60°倾斜，剪口倾斜是为了防止切口积水而成为病原菌繁殖的温床。如果切口离腋芽太远，有增加切口感染枝枯病的可能（本书中个

别图片修剪切口不甚标准，说明该基本常识有待普及）。

图5-8 修剪时的标准切口

（二）产花修剪

主枝上腋芽萌发生长一直到成为商品花枝时，就需要剪枝采收了。剪花枝时，不能从基部把枝条全部剪下，而是留下基部的3～5个节，留下的节上面的腋芽再继续发育成为下一批花枝。要注意的是，因为月季的叶为互生，即每节只生一个复叶，上下交互相间生于两侧，上下的芽生长方向也是相反的，所以在修剪时还要考虑留芽的方向，一般最上面的节的腋芽方向要朝向植株的外面。如此采花3～5次后，再对枝条进行重剪。

（三）平时修剪

植株产花后，平时的修剪原则是：随时剪除枯枝、病虫枝、下垂枝、交错密生枝（枝条太密，使得叶片与叶片互相重叠，下部叶接受不到阳光）、徒长枝（枝条长得特别粗而长，但不是基部发出的主枝）、细弱枝、过长枝、无叶枝、砧木枝、残花（连同下面第一个具5小叶的复叶一起修剪掉）、侧花蕾（有个别品种花枝顶端会产生若干花蕾，作为单头切花生产，只留下顶端主花蕾，侧花蕾连同花梗一起摘除，越早越好）、侧芽等，留下的枝条作为辅养枝。欲整个枝条剪除的一定要从枝条基部进行剪除，不要留有残桩。对于枝条太短而不具商品价值的花枝，也要及时把花蕾及其以下第一个具5小叶的复叶一起剪除，作为辅养枝（图5-9～图5-18）。

通常每株月季上都会留有4～7个主枝。而在良好的栽培管理条件下，如在广东每年主要是在冬春季，在植株基部会发出新的强壮枝条（图5-19、图5-20），这样的枝条适合培育成为新的主枝，因而使得植株主枝增多。当其从基部产生一个新的主枝时，就可以淘汰植株上的一个老主枝。这个需淘汰的老枝一般是最老的老枝，有时也需要结合各主枝分布是否均匀来确定。需要剪去的老枝一定要从基部剪去。新主枝有花蕾出现时，再剪去枝条上端约1/3长，让其发出侧芽作为开花枝。

图5-9　剪去枯枝

图5-10　剪去病虫枝

图5-11　剪去交错密生枝

图5-12　剪去细弱枝

图5-13　剪去从植株基部长出的砧木枝

图5-14　剪去残花和第一个具5小叶的复叶

图5-15　剪去侧花蕾

图5-16　从基部剪去整个枝条

图5-17　不能留有残桩

图5-18　留下的残桩易发生枝枯病

图5-19　从植株基部发出的强壮新枝

图5-20　从土里发出的强壮新枝

（四）冬季重剪

在冬季低温导致月季落叶休眠的地区，需要对月季进行重剪，又称为低位修剪，方法是保留个别主干，其余主干剪去，保留的主干再于距离地面15厘米左右、保留基部3～4个芽的地方把上面部分全部剪掉。通过重剪可以促进来年春天从基部发出健壮的新枝。新枝数目因品种及其枝条强弱而不同，通常从1个至4个。重剪时间在12月至次年2月，具体在落叶后就可以开始，不宜过早。

在我国台湾平原地区，月季冬季不会落叶休眠，台湾也有资料介绍在冬季进行的更新修剪（或重剪）：包括截短及剪除老化的主枝两部分。截短除了可以降低植株高度外，主要是借助截短枝条以打破顶端优势，促进基部芽发生，养成新的主枝。修剪时，首先剪除多余老化的主枝，每株留4～5个主枝，然后将留下的主枝截短至90～120厘米，待新的基部芽形成后，按照前述的主枝养成方法即可。但这样的修剪对植株而言要消耗约一半的树体，对于较弱的植株，经常会因此而死亡。所以对于较弱的植株，需要分次进行更新修剪。

在广东珠江三角洲一带，冬季月季也不落叶休眠，但冬季是月季切花畅销、价格最高的季节，所以笔者认为，不能进行上述台湾所谓的更新修剪，应正常进行产花，按上述进行植株的养成修剪及平时的修剪即可。重剪可考虑在中秋节前后进行。

八、浇水

月季喜水，很多野生种类都长在水沟边。在生长期经常缺水易降低植株的开花数量及引起落蕾，夏季月季落叶，原因之一也可能是缺水。若植株水分供应充足，则植株长势旺盛。不受工业污染的江湖河水、池塘水、雨水、泉水、井水、自来水、地下水等都可用来作为月季的水源，但以前三类水更为理想。

在生长期，浇水时间可根据土壤的干湿情况来掌握，一般当土壤表面至表土层数厘米处干时都可以进行浇水。如果植株一次缺水较长时间，嫩叶嫩枝会下垂，这种现象叫作萎蔫，这是植株水分明显不足的表现，需要及时进行浇水，但在生产上完全不能够等到植株出现萎蔫才进行浇水。在夏秋季高温、干旱、干燥时，每天都需要浇水一次。每浇一次水就要浇透，即让整个根系层都能湿透。在冬季因为温度低，植株生长慢，土壤也干得慢，可以数天至一周浇一次水。如果在冬季月季落叶休眠地区，植株停止生长，可等表土颜色发白时再进行浇水。浇水时水温要求与土温接近，所以在冬季宜在中午前后进行浇水。

在春、夏、秋季一天当中，特别在夏天不宜中午进行浇水，宜在上午或下午进行浇水。如果用水管进行浇水，可以从叶片往下淋，以顺便洗去叶上的灰尘，增加环境中的湿度，在夏季还有降低植株周围温度的作用。但用叶面淋浇的方法，如在傍晚进行，则叶上长时间留有水滴导致病菌容易侵染叶片，从而增加了病害的发生率。所以叶面淋浇的办法宜在上午进行或下午早点进行，以让叶上的水滴很快就蒸发掉。

现在生产者已经广泛使用滴灌的方法给月季切花提供水分，滴灌具有节约用水、减少一些病害发生（因为其不沾湿地上部分以及不提高空气湿度）、保持土壤结构、节省劳动力成本等优点（图5-21）。

图5-21　露地切花栽培地里的滴灌带

九、追肥

在土壤中，一般氮、磷和钾元素的含量是不能够满足作物良好生长开花需求的。由于切花月季长时间甚至一年四季都开花不断，而且切花枝需要带走大量的枝叶，所以在生长期更需要注意应不断有充足的氮、磷和钾营养，以保证其能一直生长开花。如前面施基肥部分所述，虽然施了足够多的有机肥，但是由于一般有机肥中的氮、磷和钾所含的量不多，而且需要通过微生物的分解才不断变成有效态，所以在月季生长过程中还要人为不断地补充氮、磷和钾营养，也就是追施氮、磷和钾肥。所谓的追肥，就是补充基肥的不足，在作物生长发育过程中施用肥料。追肥多使用化肥，但饼肥也可用水浸泡腐熟后，再兑水作为追肥。

凡是所含的营养元素以无机化合物的状态存在的肥料，称为化学肥料或无机肥料，简称化肥。化肥都是用化学工业合成或机械加工的方法而制得的，包括氮肥、磷肥、钾肥、复合肥、微量元素肥料、石灰等。

复合肥是指在氮、磷和钾三要素中，含有2种或3种元素的化学肥料，含有2种的称为二元复合肥（如磷酸铵、硝酸钾、磷酸二氢钾等），含3种的称为三元复合肥或氮磷钾复合肥。一般人们所称的复合肥，是指三元复合肥。

复合肥的有效成分是用$N\text{-}P_2O_5\text{-}K_2O$相应质量的百分含量来表示的。如某种20-10-10的复合肥，表示其含有氮（N）20%、磷（P_2O_5）10%、钾（K_2O）10%。即如果这种复合肥的质量为1000克，那么其中含有的氮、磷和钾则分别为200克、100克和100克，其余的600克则都是非营养成分。在复合肥中，各种营养元素含量百分数的总和称为复合肥的养分总量。养分总量大于30%的复合肥称为高浓度复合肥。当今农业生产中，人们使用最常见的复合肥是$N\text{-}P_2O_5\text{-}K_2O$为15-15-15的复合肥（图5-22），因为其氮、磷和钾的含量一样，又被称为平衡肥、通用（复合）肥。

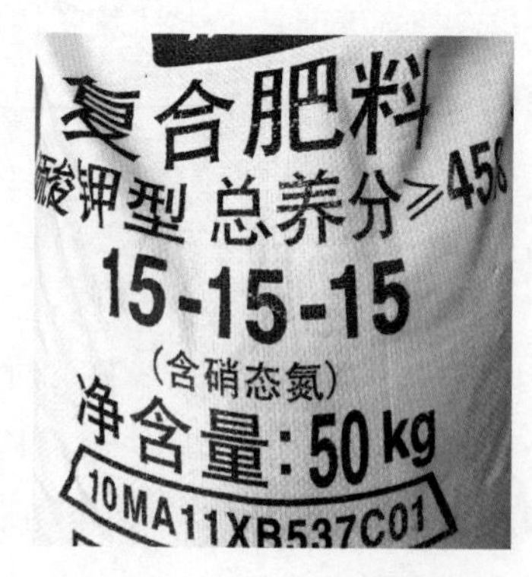

图5-22　15-15-15的平衡肥

比例是复合肥的另一个术语。例如，20-10-10的复合肥含有2份的N、1份的P_2O_5和1份的K_2O，它的比例即$N:P_2O_5:K_2O$是2:1:1。再如20-5-10的复合肥，它的比例是4:1:2。在许多资料中常常提出或建议使用某种比例的复合肥，而不是使用某种含量或等级的复合肥。例如，如果介绍使用的是2:1:1比例的复合肥，我们就可以选择20-10-10、10-5-5、14-7-7、18-9-9等复合肥中的任何一种，使用的效果是一样的，只不过用量不同而已。目前有些复合肥中所含的营养元素已不仅只限于氮磷钾，还含有一些其他元素，如镁、微量元素等（图5-23）。

1号20-20-20+TE 平衡通用型
2号30-10-10+TE 营养生长型
3号10-30-20+TE 开花型
4号9-45-15+TE 促根促花型
5号15-15-30+TE 高钾型
8号12-2-14+6Ca+3Mg+TE 钙镁型

图5-23 某品牌的系列复合肥配方（其中的TE指微量元素）

在对切花月季使用商品复合肥进行追肥时，要注意氮、磷和钾的比例宜选择为1∶1∶2或1∶1∶3，这是由于月季在生长期不断地开花，对磷和钾的需要量较大，如果偏施氮肥，会导致月季营养生长太旺盛，因而开花较少，同时降低植株对病虫害的抵抗力。也可以自行配制复合肥：分别称取尿素1千克、过磷酸钙2千克和硫酸钾2千克，混合均匀后即可。

追肥宜在土壤既不很干又不很湿时进行，每株施20～30克（小株用量少些，大株用量多些）复合肥，将肥料均匀地撒在离茎基20～25厘米以外的植株周围，然后浅锄表土让肥料进入土中。如果植株密度太大，也可采用条施的办法，即把肥料撒在植株的行间再浅锄入土。在温度高的季节可每隔20～30天追一次肥，在冬季每隔30～40天追一次（在月季落叶休眠的地区不施）。

易溶于水的复合肥也可以溶于水后再浇在根部，液施时肥效更快但肥料也更易流失，因此需缩短施肥间隔的时间也就是增加施肥次数。液施时肥料浓度以0.4%～0.5%为宜。

当雨水多或土壤过湿或要求速见施肥效果时，也可采用叶面施肥的方法，营养元素通过叶面吸收进入植物体内，这就是所谓的“根外追肥”。一般土壤追肥要3～5天才能见效，而根外追肥可在喷后12～20小时即可见效。根外追肥的浓度要更低，以免烧伤叶片。常用的配方可使用尿素1克、磷酸二氢钾1克、水1升，构成包含氮、磷和钾的完全肥料，浓度为0.2%。如果植株只缺氮元素，使用尿素一种肥料即可。喷施时叶的正反两面都要喷到，高温的晴天不宜喷，下雨或叶片湿时也不要喷（以免造成浪费）。

十、松土除草

由于雨水及灌溉的淋洗，表土极易引起板结，从而影响水肥渗入及根系透气，所以要注意经常进行松土。松土时不要太深，一般中、大型植株松至10厘米深即可，小株有2～3厘米深即可，锄松时不要把土全部敲细。

图5-24　除草

杂草与植株争夺水分和养分，杂草还是病虫的滋生或栖息地，所以必须经常进行除草工作（图5-24）。松土与除草工作常结合在一起进行，当土壤既不太干又不太湿时进行松土除草。

十一、地面覆盖

地面覆盖是指采用各色地膜（即地面覆盖薄膜）、落叶、树皮、稻草、菇渣、花生壳、泥炭、松针等材料覆盖在畦上的一项技术。其优点主要有：减少雨水对土壤的直接冲刷和土壤板结，保水保肥，减少某些病虫害特别是黑斑病的发生，减少杂草，降低地温，减少土温的波动等。地膜往往在种植前就先进行覆盖（图5-25、图5-26），但也存在一些缺点，如使用覆盖物要增加投入，有的覆盖物会造成适于某些病虫害及鼠类潜伏的环境，覆盖材料太厚会妨碍土壤的蒸发、空气流通等。

图5-25　黑色地膜覆盖

十二、切花采后保鲜及包装运输

为保护切花花朵在开花、采收、存放、处理、包装、运输等环节不容易受到损伤，一般生产者都会在花蕾长成足够大的时候，就套上一个用塑料、尼龙等做成的网套（图5-27、图5-28）。

图5-26　塑料大棚内黑色地膜覆盖

图5-27　花蕾套上网套

图5-28　田间大量花蕾套上网套

（一）采收时期

适时采收是月季切花生产中很重要的环节。采收过早，花蕾未充分发育，将来开花的效果不好，或者不能开花、花头易下垂，在夏天有的不成熟花枝切下半个小时不到就会出现花蕾垂头；若采收太迟，则会降低货架或瓶插的寿命，有的在包装、处理、运输途中易损伤花瓣。月季切花适宜的采收时间，与品种、季节等有密切关系。一般粉红花品种以萼片反卷、有一个花瓣展开时采收为宜，黄色品种可比红色品种略早些采收，而白色品种则略晚于红色品种。夏天高温可早些采收，花萼反卷时的蕾期即可采收，冬季因低温宜晚些，红花品种可在花瓣有1～2片展开时进行采收。

一天当中采收可于上午或下午进行。上午特别是早晨时采收，植株含有充足的水分，花枝更不容易失水；下午特别是在傍晚时采收，植株含有最多的碳水化合物，花枝更能维持瓶插寿命。

（二）采后处理、保鲜、包装及运输

切花剪下后应及时插在清水里或保鲜液中，然后再放在低温的环境下如冷藏库更好，以降低田间热，减少糖分的呼吸消耗而延长切花的内在品质。接着尽可能在低温的环境下进行分级、整理（去除叶、刺等）和包装。分级时首先要选出有缺陷的花枝，一般正常的花枝花茎、叶全部清洁健康，没有任何损伤和病虫害，枝条硬直，花头直立。分级后去除基部15厘米部分处的叶和刺，对齐花头按20枝一束绑好，再剪齐基部，按着用0.04～0.06毫米厚的聚乙烯薄膜或蜡纸包扎好，放在清水或保鲜液中。在分级、整理和包装过程中要小心操作，因为花头很容易被碰断。

如果切花需要贮藏，一般较常用的贮藏法，是以少于5天为期，将分级后的切花插于保鲜液中，在0～1.6℃的温度下冷藏。如果贮藏时间要长些，则采用干藏，即不使用保鲜液或清水。月季切花不论是干藏还是湿藏，时间不宜太长，否则影响花枝的品质和寿命。分级后或贮藏后切花如果是短程运销，最好以插于保鲜液中的方式直接运送。如果是空运或长程运输时则把用蜡纸或薄膜包好的花束装入纸箱，各层花束反向置放于箱内，花朵朝外，离箱边5厘米，纸箱两侧需打孔，孔口距离箱口8厘米，最后进行封箱。

如果运输前的处理过程正确（包括使用保鲜液），则到达目的地后不需再重剪花枝基部，否则在售卖前应重剪基部（剪去约2厘米），然后置于保鲜液中4～6小时，以便让花枝恢复正常，且延长寿命。销售时也宜插于水中，插于保鲜液中更好。

上述提到的月季切花保鲜液有多种，以下列出几种：

① 4%蔗糖+50毫克/升8-羟基喹啉硫酸盐+100毫克/升异抗坏血酸；

② 5%蔗糖+200毫克/升8-羟基喹啉硫酸盐+50毫克/升硝酸银；

③ 3%蔗糖+50毫克/升硝酸银+300毫克/升硫酸锌+250毫克/升8-羟基喹啉柠檬酸盐+100毫克/升6-苄基腺嘌呤。

图5-29～图5-37介绍的是云南某月季切花生产企业的个别规范流程。

图5-29　花枝清洗

图5-30　花枝去除叶和刺

图5-31　花枝处理与暂时存放

图5-32　花枝等待包装

图5-33　产品包装（一）

图5-34　产品包装（二）

图5-35　产品标记与记录

图5-36　装箱产品

图5-37　产品之一

十三、花期调控

（一）花期调控原理

切花在节日期间的价格比平时要高，这是很正常的事。作为爱情的象征，月季切花在情人节时的价格，可以比平时高出数倍甚至数十倍。所以把月季控制到刚好在节日期间开花上市，是众多生产者所追求的目标。

月季在广东珠江三角洲一带周年都能够进行花芽分化和开花，虽然其花芽分化和开花受到品种、腋芽部位及大小、光照、水分、营养、空气等诸多因素的影响，但某一具体品种在正常的栽培管理条件下，温度是最主要的影响因素。目前国内外都是利用更新修剪（有的品种通过重剪后在基部很容易发出多个粗壮的新枝条）、修剪、剪梢（剪去花蕾以下至第一个具5小叶复叶的嫩枝）等办法来控制月季的开花期。

月季枝条上的顶芽若是在生长，位于顶芽之下叶腋处的腋芽（或叫侧芽）一般就不会萌发生长而呈休眠状态。当顶芽被剪除后，靠近枝条顶端的腋芽才能够萌发生长（有些品种再生能力强，有2～4个腋芽能萌发成枝，有的品种只能萌发1个腋芽；腋芽萌发数量也与枝条的年龄、营养状况等有关）（图5-38～图5-40）。这些腋芽对于能连续开花的月季品种来说一般都能成枝开花，只有少数水肥供应不足者，枝条顶端不能开花，称为盲枝。腋芽从开始萌发生长，然后长出枝叶，接

图5-38　修剪后只有1个腋芽萌发成枝

图5-39　修剪后有2个腋芽萌发成枝

图5-40　‘大丰收’品种修剪后能萌发4个腋芽

着花芽分化和花蕾长大，再到开花（在切花生产中是到花枝可以采收），这段时间所累积的温度也就是积温（具体值是每天的平均温度累加之和），基本上是一个固定值（图5-41）。在生产上我们就是利用这种积温，来推算确定切花月季具体的剪枝时间，从而达到控制开花期的目的。

图5-41　修剪后的腋芽从萌发一直到开花，需要累积一定的温度

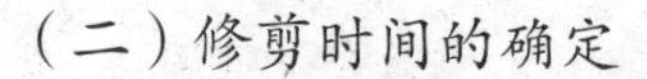

（二）修剪时间的确定

对于某个月季品种修剪时间的确定，首先是要先测定其腋芽从修剪

后一直到开花这段时间的积温具体值，最好经过多次测定使用平均积温值。有了积温值后，接下来就可以根据最近3年来相关月份的平均温度来计算确定其具体的修剪时间了。例如，根据已经测定出‘林肯’月季的腋芽从修剪后一直到开花这段时间的积温为1054.5℃，现在计划某地生产一批‘林肯’切花供应2025年情人节，其确定具体的修剪时间如下。

假设当地2021—2023年12月的平均温度为15℃，2022—2024年1月的平均温度为14.5℃，2月的平均温度16.5℃，那么要让‘林肯’品种在2025年2月14日情人节时开花，剪枝的时间推算为：[1054.5℃－（16.5℃×14天+14.5℃×31天）]÷15℃=24.9天≈25天，即12月需25天，这就是说，我们可确定在2024年12月7日来修剪枝条，此后腋芽萌发生长，可望在2025年2月14日刚好情人节时开花，历时69天。

由于枝条的大小和部位不同，各腋芽的大小和质量也存在不同，因而到达开花所需的积温也存在一定的差异，从时间上来讲一般有2～4天的差异，一般同一枝条上部腋芽比下部腋芽要更小，养分积累更少，要更快到达开花阶段（但是一般同一枝条上，下部腋芽产生的开花枝条比上部腋芽要更长而且粗，这一点对修剪相当重要，也就是说要让花枝更粗长即产品等级提高，需要尽量往枝条的下部进行修剪，当然这也意味着要去掉更多的叶，对植株的不利影响也就更大），所以在实际修剪时还要根据腋芽的部位来加以调整。因此在控制花期时也可以这么做，先测定掌握不同部位的腋芽到达开花所需的积温，再来推算确定每一枝上的修剪部位及修剪时间（图5-42～图5-44）。

图5-42　计算好时间后进行修剪

在实际生产中，我们是不是可以完全按照上述的办法精确控制到月季刚好在某一天开花呢？答案是否定的。因为我们只是根据最近3年来的平均气温来进行推算确定具体的剪枝时间，在我们露地和大棚的栽培条件下，由于环境的具体温度无法控制，而在自然界每日、每月、每年的具体温度并不是完全相同的，特别是当今气候变化异常现象频发，并不能保证最近3年来的平均温度与未来实际的平均温度完全吻合，因而完全存在着这样的可能：如果实际温度比最近3年来的平均温度偏高时，实际开花的时间就会比预期的要早，反之就会推迟。也就是说，按照上述推算的修剪时间进行剪枝，实际上到达开花的时间比预期开花的时间前后仍然可能有数天甚至10天左右的误差。明白了这个道理，也就会明白，根据最近2年或4年甚至更多年来的平均气温来进行推算也都是可以的。

图5-43　下部腋芽产生的开花枝条比上部腋芽要粗长

图5-44　修剪时剪低一些，以让以后花枝更长

有人会问，天气预报不都有未来的气温情况吗？利用未来的预测温度来推算的修剪时间不是更准确？答案确实如此，现在网上都可以查到未来45天的气温情况。但是由于冬季气温低，月季生长慢，像上述推算的'林肯'品种需历时69天才能开花，所以更加准确地来推算确定

‘林肯’品种具体的剪枝时间，是大概在情人节前70天左右，把查到的未来达45天的气温进行统计，之后的温度使用近3年的平均温度。即使如此，因为未来的气温只是预测而不是实际的，所以到达开花的时间比预期开花的时间前后仍然可能会存在一定的误差。

如果有切花冷藏库，在实际生产中进行花期控制时，比预期开花期提早些开花比推迟开花显得主动有利，所以实际具体修剪日期宁愿比推算出的修剪日期早些。目前还有生产者为了保险起见，采用了如下的方法：一批植株在推算出的修剪时间前10天左右进行修剪，一批按照推算出的修剪时间进行修剪，一批则在推算出的修剪时间后10天左右再进行修剪，如此就基本能够保证其中有一批能够在情人节开花。

明白了上述这些道理也就会明白，如对一株月季上面有生产合格切花能力的粗壮枝条同时进行修剪，就基本能够使这株月季同时开满花；对全部植株同时进行修剪，基本能够使一批花同时产出，下一批花也同样如此。而如果对一株月季上的枝条分批进行修剪，就能够使这株月季不断有花；对全部植株分批进行修剪，能够持续一段时间有花可以采收。

十四、夏季产花技术

由于月季喜欢温暖的气温，而在我国大部分地区夏季温度都会超过30℃，因而月季切花质量都会受到影响。

广东属于南亚热带气候条件，月季周年都能生长和开花。但由于夏季温度高而且时间长（如广州在6～9月，每月平均温度达27～28.3℃），所以夏季从修剪到开花所需要的时间就明显变短（30～40天即可开花），因而切花的产量也变高。也正是因为生长时间短、光合产物少，而且高温下植株呼吸作用增强导致有机物消耗变多，使得切花花枝短、花朵小，而且夏季强光高温对花形和花色均不利，最终使得切花的商品价值大大降低甚至没有商品价值。另外，夏季的台风暴雨导致的高温高湿环境，使得月季病虫危害猖獗，土壤营养流失也多，如果管理不善加上大量切花，植株就可能相继落叶，形成所谓的“夏休眠”。

在有良好的栽培管理技术的基础上，如能生产出较高质量的切花，可以在夏季有计划留一部分枝条作为切花，剩下的枝条及时摘除花蕾，以减少营养的消耗。若是利用大棚栽培，则在夏季可用50%的遮阳网进行覆盖，以降低光强和温度，对提高切花的质量有一定的效果。如果是夏季根本无法生产出具有商品价值的切花产品，则不应进行产花，应及时除蕾以养树为目的（在北方地区，有人在夏季对切花月季采用拱形栽培法，具体见第六章设施栽培部分）。目前夏季及其前后一段时间，云南生产的切花月季基本占领了广东市场，其质量比广东的切花要好得多。

图5-45 夏季田间疏于管理

如果在夏季长时间因未进行采花而导致枝条疏于管理，或受到台风、暴雨、浸水等的影响，或者病虫害发生严重，致使植株落叶严重，这时可考虑在秋季进行重剪（图5-45）。重剪宜在中秋节前后进行，若太早修剪则高温容易导致植株死亡。重剪的方法是全面修剪枯枝、病枝、细小枝和老枝，只留下3～6个粗壮枝，并且把粗壮枝剪去上部只留下45～60厘米（图5-46、图5-47）。修剪时要注意枝剪的消毒，以防止枝枯病的传染，修剪后要加强肥水的管理及病虫害的

图5-46 对植株进行重剪

防治。还需注意的是，经重剪后生长势恢复不易的品种，不宜采用这种重剪方法。

北方的月季一般在立秋前后进行中度修剪，具体操作要点是：在7～8月份高温时期不修剪，只摘除花蕾，保留叶片，立秋以后将枝条上部剪掉，只留2～3个叶，促使萌发新枝，到9月下旬就可以进入盛花期。

图5-47　重剪后侧芽萌发出的新枝

十五、园林和庭院栽培主要技术

可以说蔷薇属所有的种类品种，都能够应用于各种园林绿化和庭院种植，当然园林绿化和庭院种植主要应用的还是观赏价值更高的现代月季，包括杂种茶香月季、壮花月季、丰花月季、藤蔓月季和微型月季中的品种。

图5-48　阳光不足的庭院种植的月季，茎变细、节间变长、花变小

园林绿化和庭院种植月季，基本也属于露地栽培，一定要种植在每天都能够充分接收到阳光照射的地方才能够生长开花良好（图5-48、图5-49）。在园林绿化和庭院种植的月季品种也是可以作为切花的，上文介绍的露地切

图5-49　园林上遮阳与无遮阳处月季的生长比较

花月季的主要栽培技术基本上是适用的，仅是在修剪上略有不同。因为切花采收需要剪走长枝条，而园林和庭院种植的则在花朵凋谢后需剪去残花枝，剪去的枝条无需像切花的那么长，最短从花或花序下第三个具5小叶的复叶开始剪掉就可以。另外，园林绿地植物的养护管理程度，实际上完全没有必要达到像商业切花生产那样精细，所以需要结合实际能够投入的养护管理经费，来确定对月季进行相关必要的养护管理措施。其他不同月季品种，基本上也照此养护，只是对于藤蔓月季，多次开花后的无花枝条要从基部剪去。

实际上，国家林业局也于2016年发布了中华人民共和国林业行业标准《绿地月季栽培养护技术规程》(LY/T 2773—2016)，2018年发布了《藤本月季栽培技术规程》(LY/T 2951—2018)，石家庄市于2019年发布了地方标准《月季栽培养护技术规程》(DB1301/T 311—2019)，有兴趣者可以查阅学习。

此外，自从源自南美、全球公认的百种最具危险性入侵物种之一的红火蚁，于2004年开始传入我国广东之后，如今已经入侵至南方各地，而且正朝着更北和更西的方向扩张。红火蚁身体棕红色，腹部常棕褐色，侵扰农田、绿地、林地、堤坝、设备、建筑等，危害作物和植物、破坏环境、攻击人类。红火蚁容易被发现，因为其会形成高10～30厘米的蚁丘。去掉土丘上部，内部蜂窝状结构露出，红火蚁会大量涌现（图5-50～图5-52）。如今也有专门的药剂可用于防治红火蚁。

图5-50　月季绿化带上的红火蚁蚁丘

图5-51　蜂窝状结构中涌现出大量的红火蚁

人被红火蚁咬伤后，伤口会有火灼伤般疼痛感并发痒，之后还会红肿，再长出脓包（图5-53、图5-54），脓包可维持数天，期间伤口还可能扩大，少数体质敏感的人可能发生严重的过敏性休克。所以在人工进行拔草或其他操作时要特别注意，尽量戴手套、穿长衣长裤、穿高筒雨鞋或布鞋，避免被红火蚁咬伤。被咬伤后用肥皂与清水清洗患部，并可进行冰敷处理，以缓解瘙痒与肿胀感。患部还可用肤轻松软膏、皮炎平等含类固醇的药膏进行涂抹，尽量避免搔抓患部，避免将脓包弄破，以防伤口继发感染，多数人约10天会复原。被咬伤后有较激烈反应者，如出现全身性瘙痒、荨麻疹、脸部发红肿胀、呼吸困难、胸痛、心跳加快等症状，必须尽快去医院就诊。

图5-52　红火蚁

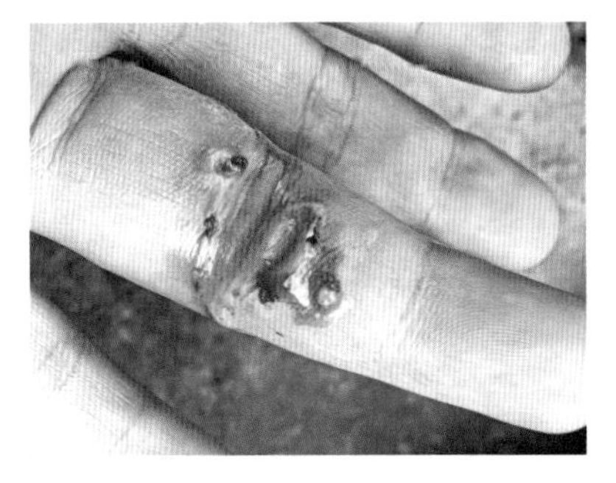

图5-53　手指被咬几天后伤口的症状

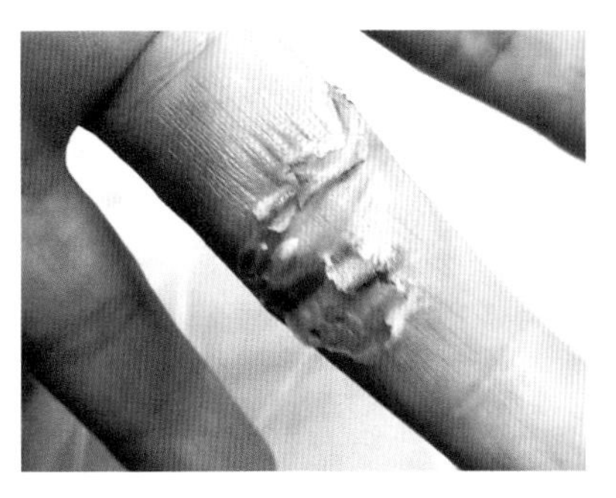

图5-54　伤口基本愈合

第六章

玫瑰和月季设施栽培主要技术

在前面我们已经介绍了月季的生态习性和对各种环境因子的要求，以及露地栽培的主要技术。露地栽培月季存在着不少问题，当今商品月季主要利用各种设施进行栽培，主要是各类温室和塑料大棚。温室的创造发明，可以说是源于人们在寒冷的季节对作物的保温乃至加温。在一个可直接透光的密闭空间里，温度要比外部的高。到了晚上，外界温度下降很大时，室内也能保持较高的温度。所以目前在世界上，温室的应用更普遍分布于冬季寒冷的温带国家或地区。

设施栽培具有许多优点，如可以避免暴雨、狂风、冰雹、霜冻等自然灾害，减少损失；可以调节温度、光照、空气湿度、空气中二氧化碳浓度等至符合月季生理和生态需要的最佳状况，控制病虫的危害，减少土壤受雨水的冲刷；可进行无土栽培，从而达到对月季进行产期调节或提高其产品品质的目的；在设施内利用自动或半自动的机械进行操作，减少劳动力支出，减少人为的疏忽损失，达到月季产品品质整齐一致的要求等。因此，设施是生产高品质月季切花和盆花的必备条件，当今世界各国有竞争力的优质月季切花和盆花，绝大部分是设施栽培的产物。

一、温室

当前世界上经济和科学技术发达的国家，尤其是北欧、北美等高纬度国家，如英国、法国、德国、荷兰、丹麦、挪威、比利时、芬兰、冰岛、加拿大、美国以及亚洲的日本等，由于当地冬长夏短、温度和光照不足等原因，温室园艺受到高度重视和普及，如今现代化温室的各种技术水准已经极高，主要表现在：大都采用铝合金结构，大型化和规模化，环境因子控制设备的使用及其自动化控制，生产过程的机械化与自动化，栽培管理技术科学化等。

以最主要的环境条件自动化控制为例，温室内的温度、光照、湿度、通风换气、CO_2浓度等以及灌溉和施肥均已实现了自动化控制。例如在荷兰，可利用各种感测器来测量温室内的温度、光照、湿度、CO_2

浓度、热水管温度（温室内用热水管散发的热来进行加温）等，还可以测量外界的温度、风向、风速、光照强度、下雨量、下雨信号等参数因子，所有这些数据可传给电脑处理，经电脑软件分析判断之后，发出控制信号以指挥各种控制设备的运作，包括不同角度天窗的开启（荷兰温室通常没有侧窗）、热水管的导通、人工灯源的开启、CO_2的释放等。至于温室内的灌溉设备则有悬臂自走式、固定喷头式、机动式水管设备（可遥控、自动卷收）、淹灌系统、滴灌系统等多种，都可由电脑主控机组依所设定的方式或不同花卉生长需要进行灌溉；若要施肥则把肥料加入水中，可做到自动灌溉与施肥。

有国外切花月季温室栽培的资料显示，其环境因子的控制水平为：日温平均21～29℃，夜温10～18℃，光照强度25000～50000勒克斯，空气相对湿度50%～60%，二氧化碳浓度1500毫克/升。因此在西方国家现代化生产月季，不仅产品品质好、产量高，还可以自如地控制其开花时间。

就国内来说，实际上早在20世纪80年代末，广东深圳就曾经花费近百万美元从荷兰引进约1万平方米的现代化温室，用于生产切花月季，产品供应港澳市场。但是由于荷兰的温室并不适合广东的气候条件，加之生产成本太高、生产出的产品质量差等原因，最后完全无法获得经济效益。北方地区由于冬天寒冷而且时间长，温室更有利用价值且较为普遍。过去北方也从荷兰、日本、美国、罗马尼亚、保加利亚等地引进温室用于切花月季等的生产，同样由于种种原因，经济效益差，无法盈利。如今国内利用现代化温室对切花月季进行商品化栽培的情况仍然少见，在此不再进一步介绍。

目前在国内外温室的种类很多。不同类型的温室，使用性能是不同的，即使同一种温室，也因地区和使用目的不同而异。因此，选择使用温室，必须根据具体的地理位置、栽培目的以及所栽培花卉的生态要求来综合考虑决定。使用塑料薄膜作为采光材料的温室，称为塑料（薄膜）温室，当今在我国各地园艺作物生产中应用广泛。

当今在北方地区，切花月季主要是使用日光温室进行商品化生产。日光温室是20世纪80年代在我国华北、东北和西北地区迅猛发展起来的一种塑料日光温室，它不仅已成为我国北方地区主要的设施栽培形式，而且成为我国温室设施园艺中面积最大的栽培方式。主要原因在于它是传统农业与现代农业技术相结合的典型，投资少、效益高，适合我国当前农村的技术及经济条件。另外，它在采光性、保暖性、低耗能和实用性方面，都有明显的优异之处。

不少地方也都制定出了当地有关切花月季栽培的地方标准，如河北的《切花月季生产技术规程》(DB13/T 939—2008)、宁夏回族自治区的《日光温室切花月季生产技术规程》(DB64/T 569—2009)、辽宁的《切花玫瑰（月季）生产技术规程》(DB21/T 1838—2010)、安徽的《切花月季设施栽培技术规程》(DB34/T 1676—2012）等。而国家林业局也于2010年发布了中华人民共和国林业行业标准《切花月季生产技术规程》(LY/T 1912—2010)，其中包括现代化温室切花生产（一般进行无土栽培，采用循环式营养液供给系统为主的基质栽培技术)、日光温室和塑料大棚切花生产（其又分为基质栽培和土壤栽培两种模式）两部分。无土栽培的核心是无土基质+营养液，在LY/T 1912—2010标准中对无土基质和营养液配方、营养液滴灌方法等都有介绍，在此不再进行摘录说明。

上述各地出台的温室生产技术规程中所介绍的各种土壤栽培技术方法，总体上可以说是大同小异。与前面所介绍的切花月季露地栽培技术没有本质上的区别，不同之处主要有下面四点：

（1）温室内可以对一些环境因子进行适当调控　如保温、降温、增湿等，最典型的是冬天早晚盖上草帘来提高保温能力。由于加温成本太高，温室内一般都不安装加温系统或设备。夏天温度过高若要进行降温，应安装使用遮阳网。

（2）温室种植的密度显著增大　种植密度可达到每平方米种6～8株苗。

（3）温室种植采用了拱形栽培法　由国外传进来的拱形栽培法，又称为压枝、折枝、弯枝栽培，其主要特点就是在切花月季的栽培生产中，把枝条进行弯折来代替把枝条剪除。例如在上述月季露地栽培部分介绍的平时修剪中，要把细弱枝、下垂枝、交错密生枝等随时剪去，而拱形栽培则是尽量把这些位于基部的带有叶子的枝条保留下来，把它们朝过道方向进行弯折，角度大于90°，弯折时可折伤但不折断，或用细绳顺势把枝条绑在植株基部，用于辅养产花枝。还有人进行捻枝，即将枝条扭曲下弯。对于容易折断的品种，应在下午植株体内水分较少时操作。当被弯的枝条上部长出侧芽时，给予抹除，有花蕾出现也应当摘除。以弯折枝条来代替剪枝，尽可能保留住了更多的叶片，就能够通过光合作用制造出更多的养分来满足植株的需求，从而能够提高切花产品的质量和产量。进行压枝栽培时需要起高畦，在LY/T 1912—2010标准中建议的是：畦高40～60厘米，顶宽80厘米，沟宽70～80厘米，南北走向，每畦种植2行植株。当今很多生产者进行压枝栽培时，已经变成了把所有的非产花枝都进行压枝。

（4）温室里的土壤需要进行洗盐　由于温室里土壤无法得到大自然雨水的淋洗以及平时化肥使用多等原因，时间长了土壤容易出现盐害，即土壤溶液中会累积大量的可溶性盐类而使得水势降低，土壤pH值变高，导致月季根系无法正常吸收水肥，植株生长发育不良，严重时导致枯死。当通过检测土壤出现盐害时，解决的办法是用大水冲洗土壤，根据专业文献报道，每平方米要冲400升的水。昆明杨月季园艺有限责任公司的做法则是：每年至少进行一次土壤淋洗，于1月至3月早春进行，淋洗每次每亩用水不少于30立方米。

二、塑料大棚

塑料大棚目前主要的结构形式是用圆拱形镀锌钢管作骨架，外面覆盖上塑料薄膜。如果把四周都用薄膜封闭起来，跟温室的作用一样，能使棚内的温度高于棚外的温度。这是由于薄膜具有不透气性，使热气散发小，白天太阳光能不断透过薄膜进入棚内引起内部热的积累，使棚内温度高于棚外温度；而在低温的晚上棚内温度也能保持比棚外高（一般可高2～3℃），所以从这种保温的功能来说，塑料大棚也可归于温室类，只不过温室的保温效果通常比塑料大棚更好。塑料大棚一般用（0.1±0.02）毫米厚的塑料薄膜覆盖，每1000平方米大棚需薄膜180～200千克。由于塑料工业的发展，塑料大棚已在国内外被广泛采用，并取得了良好的效益。

根据前面所述，广东珠江三角洲一带可以露地栽培切花月季（其实盆栽月季也同样可以）。但是根据我们的实践，利用塑料大棚来栽培切花月季更好，虽然前期投入大，但从长期的产出来看，经济效益还是很明显的，目前很多生产者也是这样做的（图6-1）。原因有很多，如大棚可防止雨水溅打而能大大减少黑斑病以及其他一些病虫害的发生，从而大大减少了使用农药而产生的各项支出；在冬季塑料大棚密封起来，提高了棚内的温度，缩短了生长时间，从而提高了切花的产量，而冬季正是月季切花价格最高的季节；珠三角一带冬季会有寒潮袭击，最低温度降至5℃以下，植株会出现寒害甚至冻害，如有大棚增温保温则能大大减少这些现象出现，从而提高切花的质量和商品率；大棚能够防止暴雨雨滴冲击使花出现机械损伤，减少灰尘，秋冬干燥时节在棚内因为有更高的空气湿度而有利于月季的生长，这些都提高了切花产品的质量和售价；在夏季大棚上再覆遮阳网，可以减少光照强度和降温，从而提高夏季切花商品率等（图6-2）。

图6-1　塑料大棚栽培切花月季

图6-2　大棚内装一层活动的遮阳网用于夏季遮阳

塑料大棚在使用时，通常在冬季和早春低温时才把大棚全部密封，把薄膜四周用土压紧，以防止外界空气流入而达不到保温效果。其他时间主要以防雨为主，要求把大棚四周的薄膜卷起或撤去，特别是在夏季，可以防止棚内通风透气不良和温度太高（图6-3、图6-4）。为了节省劳动力成本、保持土壤结构等，当今生产者已经广泛使用滴灌或喷灌的方法给月季切花提供水分（图6-5 ～图6-7）。

广东珠三角一带利用塑料大棚来栽培月季，其主要技术完全

图6-3　冬季和早春把大棚四周封起来

图6-4　其他时间把四周的薄膜撤去

图6-5　使用的滴灌带

图6-6　喷灌

图6-7　灌溉水池

可以采用前面介绍的露地栽培技术。由于其主要内容与前面介绍的露地栽培没有本质上的不同，在此也不进行进一步的介绍。至于目前在北方设施栽培中普遍使用的压枝技术，在广东因为雨水多、高温高湿，所压的枝条触地更容易导致病虫害，所以在露地栽培应用很少，塑料大棚栽培有的生产者也使用了压枝技术（图6-8、图6-9）。

图6-8　月季压枝栽培（一）

图6-9　月季压枝栽培（二）

云南是我国当今月季切花生产面积最大的地区，主要是因为其优越的自然气候条件。在云南的热带高原地区，年平均气温只有15～18℃，冬暖夏凉，有“四季如春”的美誉，很适合月季的生长。特别是在夏季，没有其他地方能够生产出同样品质的月季切花。但在冬季云南还是存在温度偏低的问题，极端年份甚至出现大雪，使月季生产和塑料大棚严重受损。

那么云南热带高原地区种植切花月季的模式是怎样的呢？主要是使用塑料大棚和塑料温室；多用土壤种植，无土基质+营养液也有一部分。当今云南有少数更先进的生产企业，除了在塑料温室内使用定制的大塑料容器进行无土基质+营养液栽培外，温室内还安装有加温系统（空气源热泵）、高压弥雾系统（用于增湿和降温）、遮阳网等，需要降温时再开天窗和侧窗。作为切花月季生产的最大省份，云南省市场监督管理局于2020年发布了地方标准《切花月季设施无土栽培技术规程》（DB53/T 996—2020），其主要内容与《切花月季生产技术规程》（LY/T 1912—2010）中无土栽培的内容没有本质上的不同，在此不进行进一步介绍。

云南利用塑料大棚和温室栽培月季，也广泛使用了压枝技术（图6-10）。虽然很多资料中都有提到压枝技术，但是存在介绍不够详细甚至不完全相同的情况。云南玉溪市2020年发布了地方标准《切花月季综合栽培技术规程》（DB5304/T 044—2020），其中对压枝技术的介绍更详细些，把其分为苗期压枝和花期压枝，现摘录供读者参考学习。苗期压枝：幼苗定植50～60天后，每株发出2～3个枝条，株高60厘米以上，茎干完全木质化，叶片浓绿发亮，此时由基部第一个完全叶3～5厘米处，先将枝条用力拧伤木质层，再将枝条向墒外向下折压形成2～3枝营养枝，同时用枝剪剪掉多余不要的芽和枝。花期压枝：当老营养枝叶数不足6～7个时，选择出花枝长度不够标准的枝条进行摘蕾封顶，然后压枝补充营养枝，营养枝长出的枝条也可选择压枝形成培养枝，营养枝要经常修剪不养成花枝。

图6-10　云南切花月季压枝栽培

注意：塑料温室下还安装了一层薄膜来加强保温

云南昆明杨月季园艺有限责任公司是我国生产和研究月季的知名企业，其月季切花畅销国内，还大量出口东南亚等国家和地区。该公司发布有自己的企业标准《杨月季公司月季鲜切花生产技术规程》，介绍的内容很详细和实用，在此特把其中有介绍压枝技术的“整枝和采收”部分摘录如下。

（1）苗期整枝　扦插苗苗期主要工作是摘除花蕾、防除杂草，促进植株营养生长。植株30厘米高时进行折枝，折枝时不应该将枝条折断，而应将其折低于植株基部。细弱折枝充足时（每株2～3枝），壮枝条按采收位置剪除。嫁接苗苗期进行的工作，一是压枝砧木嫩梢并去除嫩梢生长点，且经常整理，抹除砧木新芽；二是及时摘除接穗花蕾；三是剪除砧木，接芽新梢2个以上、长度30厘米以上可以压枝时，于接芽上方5厘米处剪除砧木，并将接芽新梢于嫁接点上方留一个完整复叶进行折枝。

（2）采收期整枝　将不够长度，即花蕾指甲大时不足40厘米长的细弱枝进行折枝，并摘除其上花蕾。折枝叶片不能重叠，又能将畦肩铺满为度。一般每株2～3枝，去除畸形或受损伤花蕾后，将小手指般粗壮枝的花枝按采收位置剪短。先将植畦外侧、植株底部细弱枝折枝；植株高处外侧细弱枝也从分节处折枝，植畦内侧细弱枝从基部拉至畦外侧折枝；植畦内侧高处细弱枝、压枝不足时，拉至植畦外侧从分枝处压枝；压枝足够时，连同分结处老枝剪短。叶片脱落和黄化的老枝，在压枝充足时要剪除，每次除草和摘侧芽时都要进行折枝。

（3）摘侧芽　采收花枝上的侧芽长1～2厘米时应摘除，不能损伤叶片和主蕾，要保持花枝挺直，不能人为造成损坏和弯曲，并要摘除压枝花蕾。不够采收长度即花蕾指甲大时，枝长不足40厘米的花蕾以及畸形和损伤的花蕾也要摘除，然后花枝压枝或按采收位置剪短。

（4）采收　对于一次枝采收的位置，小手指般粗壮枝留5～6个复叶，筷子般粗枝留3～4个复叶，不足筷子粗的枝留1～2个复叶，压枝不足时不采花留作压枝。对于二次及三次枝条采收的位置，小手指般粗壮枝留2个复叶，筷子般粗枝留1个复叶，不足筷子粗的枝不留叶，连同分枝处老枝回剪。注意采收时不要损伤所保留的叶片。

（5）修剪　采收1年以上的植株，每年应进行1次修剪，每株留1年生粗壮枝条3～5枝，每枝留20～25厘米长，其余剪除，尽量去除分枝处。一般在3月和7月进行此项工作，要保留植畦外侧和植株基部的细弱压枝，每株2～3枝，其余剪短。

不论哪一种形式的塑料大棚一般多按南北长、东西宽的方向设置，出入门留在南侧。在实际生产中，在冬季为了提高大棚的保温性能，可用2层甚至3层薄膜进行覆盖。

因薄膜不透气，棚内空气湿度比露地大。不通风时，棚内空气相对湿度可达90%以上，甚至100%。一般变化规律是棚温升高，相对湿度降低，棚温降低则相对湿度升高；晴天或有风天相对湿度低，阴雨天相对湿度高。湿度高植株蒸腾和土壤蒸发减少，而病害也更容易发生。土壤若湿度增高，棚膜上更易凝聚水珠，又影响透光。若棚内湿度超过月季的需求，应注意通风排湿，刮去棚内膜上的水珠，提高棚内温度，以降低空气湿度。大棚内盖地膜是降低空气湿度的有效措施。

第七章

玫瑰和月季盆栽主要技术

7

所有的月季品种几乎都适合盆栽。微型月季由于植株矮小，更适宜作盆栽，花盆的直径可以小到只有约8厘米。

一、商业生产

微型月季株型矮小紧凑，叶片和花朵小巧可爱，日益受到人们欢迎。特别是近年来微型月季发展迅速，新品种不断涌现，目前已成为欧美和日本花卉市场最受欢迎的盆栽花卉之一。仅丹麦一年微型月季盆花产量就达3500万盆，日本每年也有千万盆的销售量。微型月季如今在我国市场上也不断升温，微型月季树出现后也越来越受到人们的欢迎（图7-1～图7-3）。

图7-1　市场销售的小盆栽微型月季

图7-2　微型月季树（一）

图7-3　微型月季树（二）

当今商业生产盆栽月季，主要就是使用微型月季品种，在温室或大棚下利用无土基质生产出小盆栽产品。微型月季从开始生产到成为商品所需要的时间比较短，生产过程也更为简单，归纳起来大概就是两个步骤：扦插育苗和种植开花。

江苏省2011年发布了地方标准《微型月季盆花生产技术规程》（DB32/T 1799—2011），其中的微型月季是小花型品种，使用的栽培方式是无土栽培，该标准中提到的环境因子的控制与前面介绍的设施栽培基本一致，在此摘录其主要不同的技术要点如下：

（一）扦插育苗

扦插基质材料可采用河砂、进口泥炭、珍珠岩、蛭石等，单独或混合使用。使用苗床或50穴的穴盘进行扦插。在母株上选择生长健壮和无病虫害的花蕾即将露色枝条，剪成具有2～4个节、长2～5厘米的插穗，保留最上部的复叶；把插穗用500～800倍液的多菌灵、百菌清等浸泡2～5分钟，然后把插穗基部用0.02%～0.05%吲哚丁酸溶液沾湿，再插入基质中。穴盘每个穴插1个插穗，苗床扦插株行距为5厘米×5厘米。插后每周喷施1次杀菌剂。

（二）种植开花

插后25～30天，选择生长健壮、无病虫害、具有3条以上和根长2厘米以上不定根的苗，移植上盆。使用直径8～15厘米的塑料盆，基质直接采用进口泥炭或在其中混入10%的珍珠岩。8厘米直径的花盆种植1～3株苗，10～12厘米直径的种植4～5株，13～15厘米直径的种植5～8株。种植后基质表面与花盆顶部留有约1厘米的距离。种植后即浇透定根水，以后保持基质适当湿润。用营养液滴灌时，1～2天滴灌1次。人工用营养液进行施肥时，前期每周浇施1次，中后期4～5天浇施1次。

上盆30～40天后，在离盆口2～3厘米处统一把植株上部全部剪去，让其侧芽萌发生长、成枝，开花后就可出售。如果不需要开花，期间可根据需要进行多次修剪，注意每次修剪的高度要适当。

2020年云南玉溪市发布了地方标准《盆栽微型月季综合栽培技术规程》(DB5304/T 041—2020)，该标准所介绍的内容更全面和详细，有部分内容如穴盘岩棉育苗技术、覆盖扦插一次上盆育苗技术、管道潮汐栽培技术、水肥一体化技术等更加新颖先进，特别是管道潮汐栽培技术和水肥一体化技术，是当今我国包括微型月季在内的小盆栽花卉规模化商品生产日益普及的技术，很值得专业生产者学习，在此进行简要介绍。

所谓管道潮汐栽培技术，其实就是人们更常说的潮汐灌溉技术，起源于荷兰，是针对盆栽植物的营养液栽培和容器育苗所设计的一种底部给水的灌溉方式，基于潮水涨落现象设计而命名。在整个潮汐灌溉系统中，苗床是主体。在应用时，灌溉水（或营养液）由苗床的出水孔漫出，使整个苗床中的水位缓慢上升并达到合适的液位高度，此方式称为涨潮。没过栽培床2～3厘米的深度保持一段时间后，灌溉水因毛细管作用上升使花盆里基质的表面也湿润，此时可以打开回水口，将灌溉水排出，回到水池，此方式称为落潮。使用潮汐灌溉系统可均匀地为每一盆花提供充足的水肥，而且水肥不易被浪费，还能减少病害的传播（图7-4、图7-5）。

图7-4 使用潮汐灌溉技术栽培的微型月季（一）

图7-5 使用潮汐灌溉技术栽培的微型月季（二）

实际上，商业上生产的盆栽月季，除了微型月季小盆栽产品外，还有大量利用不同大小的花盆生产出的各种类型月季的盆栽产品（图7-6）。对于这些产品的栽培技术，广西壮族自治区2017年发布的地方标准《月季盆栽生产技术规程》（DB45/T 1591—2017）可供参考学习。对于特别的产品类型树状月季，也有江苏省2020年发布的地方标准《树状月季培育技术规程》（DB 32/T 3786—2020）和安徽省2020年发布的地方标准《月季树嫁接育苗技术规程》（DB34/T 3724—2020）可供学习。

图7-6　塑料大棚里盆栽的非微型月季

商业生产盆栽月季的灌溉方法，主要有喷灌、滴灌和潮汐灌溉。图7-7显示的是滴灌形式。

图7-7　盆栽月季的滴灌

二、家庭栽培

传统的盆栽是指用各种花盆来进行栽培。而现在的“盆栽”泛指使用各种各样的容器来进行栽培。

在家庭中，阳台、天台、露台、庭院等都可盆栽各类月季，但是具体位置都需要有充足的阳光。就阳台来说，以南面阳台最适合种植，西面阳台主要因为强烈的西晒阳光和高温问题而难以种好，东面和北面阳台因为光照不足而不适宜种植。

微型月季最适宜阳台盆栽，生长了多年的微型月季使用盆径约20厘米的花盆也都够了。杂种茶香月季、壮花月季和丰花月季虽然植株大，由于其花朵也大，花形丰富、花色艳丽，许多家庭养花爱好者反而更喜欢种植。这些月季进行盆栽，对于一年生植株可选用盆径为15～20厘米的盆，二年生植株选用盆径为20～25厘米的盆，三年生以上的植株应选择盆径为30厘米以上的大盆。

家庭盆栽月季，多为露地条件，所以上述月季露地栽培和园林栽培介绍的大部分技术都可以通用，下面主要对其不同的地方以及需要补充的内容进行阐述。

（一）繁殖

繁殖可依照前面露地栽培中所介绍的繁殖方法进行。

对于家庭少量繁殖栽培，空中压条是一种很好的繁殖方法。另外也可采用一种比较简单的扦插繁殖方法：选好塑料盆，最好先在底部放入一块防虫网，然后填上两三层小泡沫块或陶粒之类的粗材料（大小略超过排水孔），再装入干净的河砂（珍珠岩、泥炭等皆可），用小棒在砂里插出小洞（小洞也可插穗时再插）；选取当年生健壮的枝条，剪成约10厘米长作为插条（没有叶子的也可用），插条至少有3个节，把下部复叶剪去，留上部2个复叶，每个复叶也只留2～4个小叶片；把插条基部靠近节处用利刀切一斜切口，最好再蘸上生根粉（插条基部要先沾湿但不要带水滴）；把插条插入预先插出的小洞，插条没入1/3深，把砂浇湿；在盆内靠近盆边插上3根更长的粗铁线或小棒，再套上一个透明的塑料袋，袋口与盆用绳子绑紧，之后把整盆放在阴处即可（图7-8～图7-19）。

图7-8　塑料盆底先放入一块防虫网

此方法中套上塑料袋是为了保持插条能一直处于高湿条件下，因而不易失水枯死，而且盆中蒸腾蒸发的水不会散失，会在塑料袋内壁形成水滴落回盆内，所以基本不用再进行浇水，除非塑料袋破了或袋口未绑紧。在气温比

图7-9　填上两层小泡沫块

图7-10　装入干净的河砂，用小棒在砂中插洞

图7-11　剪下的枝条插在水里保鲜

图7-12　把枝条剪成约10厘米长的段作为插条

图7-13　插条基部斜切后蘸上生根粉

图7-14　均匀插入插条再浇湿

图7-15　在盆内靠近盆边插上3根包塑铁线

图7-16　用一个透明塑料袋罩住基部绑紧

图7-17　盆里的水分不容易损失

图7-18　扦插20天后的插条情况

图7-19　扦插33天后生根良好的插条

较高时约30天就可生根良好。但是由于品种、插条本身以及没有进行防病处理等原因，并不能保证每个插条都能够生根成活，有的在还没有长出愈伤组织之前就死亡了，有的则在长出愈伤组织之后但还没有长出根时死亡。而能够生根的插条，其生根的快慢和生根数量也有不同。

当今一些养花爱好者也使用插花泥块来扦插月季，即把插条插入插花泥块中，再把插花泥块放在水里，水面高度不要超过插条基部，并且要经常向叶面喷水，效果也很好。还有养花爱好者使用海绵块来进行扦插。

（二）盆栽基质

包括蔷薇属在内的大部分植物原来都是生长在土壤里的，把其进行盆栽，从环境条件来看，两者地上部分是完全相同的，而地下部分却显著不同。盆栽的根系生长发育环境被花盆与外界所隔绝，生育的空间也受到很大的限制，所以盆栽植株比地栽植株更容易出现缺水、缺肥、缺氧的现象。

正因为盆栽的根系受到盆的限制，养分、水分和空气条件的胁迫很大，单位根量的工作量也很大，所以要让其生长良好，对盆土的要求甚高。人们把用于栽培盆花的材料称为基质（或介质）。要满足上述要求，除了个别土壤如塘泥等之外，大多数的土壤单独作为基质通常难以达到。目前国内外普遍使用几种材料混合起来作为盆栽基质，称为混合基质，又称为人工培养土、培养土、混合土。

混合基质可根据是否含有土壤分为两类，一类为含有土壤的肥土混合基质，又称含土（混合）基质、有土（混合）基质；另一类为不使用土壤的非肥土混合基质，又称无土（混合）基质。无土基质加上使用营养液称为无土栽培，营养液是无土栽培的核心。

在过去，含土基质是世界盆栽植物应用最普遍的基质，以红壤（红球形土）或田土作为基本材料，配以腐叶土、河砂等。1939年后，将壤土、泥炭和河砂按7∶3∶2的比例混合配制而成的约翰英尼斯（John

Innes）配合土或叫张英混合土成为栽培蔬菜和花卉共同的标准培养土而被广泛使用。

后来随着泥炭这种材料被开发利用，以其作为主要材料的非肥土混合基质迅速得到普及，被广泛应用于园艺作物的育苗和盆栽。国外常用的配方有泥炭∶河砂=1∶1（体积比，余同）、泥炭∶蛭石=1∶1、泥炭∶珍珠岩=1∶1、泥炭∶蛭石∶珍珠岩=1∶1∶1、泥炭∶松树皮∶珍珠岩=1∶1∶1、泥炭∶河砂=3∶1等。

泥炭又称为草炭、泥炭土，是死亡的植物在水湿条件下腐烂部分分解后的植物残渣。品质最好的泥炭，是水藓泥炭，是由沼泽中的苔藓类植物形成的。

泥炭含有大量的有机质（超过80%），保水和保肥性强；排水透气性好；几乎不含病菌，没有害虫和卵以及杂草种子；再分解时困难，故用于配制基质时，其物理性可比腐叶土或堆肥土保持较久时间。泥炭是一种很好的盆栽基质材料，在国外园艺事业发达国家，泥炭是主要的基质材料。国内花卉生产使用的泥炭主要靠进口。进口泥炭进行过加工，且已经把pH值调节适当，可不添加其他材料直接使用。（图7-20）。进口泥炭有颗粒大小不同的级别，可选择颗粒大些的用于盆栽。

图7-20　进口泥炭

珍珠岩和蛭石都是常作为无土混合基质的组成材料。珍珠岩是由粉碎的岩浆岩加热至1000℃以上膨胀而成的极轻的白色核状体，多孔性结构，吸水性好，可吸收3～4倍本身重量的水分，不会腐烂，加入基质中可增加透气性及保水性，也可作扦插基质。蛭石是硅酸盐材料在800～1100℃下加热形成的轻而小的、多孔性的金色云母状物质，具有良好的缓冲性能，不会腐烂，能吸收大量水分，每立方米可吸收500～650

升水，还具有良好的储存和释放营养的能力，加入基质中可以增强透气性以及保水、保肥能力，也可作扦插基质（图7-21、图7-22）。

图7-21 珍珠岩

图7-22 蛭石

肥土混合基质和非肥土混合基质各有优缺点：肥土混合基质虽含较多的养分，特别是氮和磷易于施入，微量元素又不易缺乏，但由于进行过土壤消毒，作物容易产生生理障碍，产品质量难以一致，同时基质较重，处理较不方便。而非肥土混合基质则有材料质量均一、不需蒸汽消毒、重量轻、处理方便等优点，而且由于所含养分少，在生育期即可给予正确的调节。但是，它必须给予各种必需元素进行营养补充，需较多施用液肥来进行追肥；同时由于缓冲性能低，容易产生养分浓度的变化等。

在家庭盆栽月季时，对于微型月季完全可以使用上述所介绍的国外泥炭配方，也可直接使用进口泥炭。其他月季因为植株较大，以泥炭为主的无土基质配方太轻，不容易固定植株，建议使用质量更重的含土基质。像塘泥（图7-23）就可以直接用来种植月

图7-23 塘泥

季，其含有丰富的营养元素和较多的有机质，把其打成1～1.5厘米的小块，虽然常浇水也不会松散，土块之间排水通气性良好，须根又可扎入土块内，是一种成本较低效果又好的月季盆栽基质。其他土壤材料往往要组成混合基质效果才好，如田土∶腐叶土=3∶1和田土∶园土∶腐叶土=5∶2∶3都是适宜的配方。园土又称菜园土、田园土，就是一般用于种植蔬菜的表层土。

腐叶土是人工制作的，即将阔叶树的落叶堆积腐烂而成。其做法是：挖个坑，将泡湿的树叶堆积约20厘米厚，边踏边积，再将一些粪肥或饼肥或少量尿素、硫铵等氮肥撒布其中，上盖薄土。每层都像这样堆积上去，最后盖上塑料薄膜。在堆积过程中翻堆一次。约3个月后就可过筛混匀使用。腐叶土含有机质丰富，营养元素全面，既疏松排水透气，又能保水保肥，加到园土、田土等里面以增加透气性，实际上直接用来种植月季也不错。

由于种种原因，养花者往往无法获得足够的材料来配制配方土，比如只能找到田土或园土，甚至只能在大树底下挖一些土回来。不过这些单一材料也是可以改良的，即在这些土壤中混入富含有机质的材料，如泥炭、椰糠、菇渣等，至少添加1/4的体积时才有比较好的效果。其原理可查看第五章月季露地栽培部分中介绍的土壤改良内容。

因为南方土壤一般偏酸，北方土壤通常偏碱，所以含土基质需要再把pH值调节适当，这方面也可查看第五章月季露地栽培部分介绍的土壤pH值改良内容。

使用上述含土基质时，如果在盆底施一些腐熟的有机肥，效果更好。在家庭盆栽月季时，花生麸（图7-24）是一种比较卫生、效果好的有机肥，可捣碎或磨成粉再使用。由于花生麸含大量的

图7-24　花生麸

纤维，施后会发酵产生高温，从而导致烧根，所以使用时需注意控制用量，不要施太多，并且要放在底部最好与基质混合，上面再填入一层基质，之后再把苗种上。在条件允许时，还是先进行堆沤之后再使用为佳。目前有一些经过处理加工的商品有机肥，也很适合购买使用。但是，如果使用以泥炭为主的无土基质，在国外一般都不施有机肥。

（三）幼苗上盆种植

上盆是指将繁殖成活的幼苗移栽到花盆里的过程。上盆前要根据月季的种类品种、植株的大小、根系的多少等来选择大小适当的花盆。如果盆太小，则根系发展很快受到限制，因此很快就要再进行换盆；如果盆太大，则水分不容易调节。

上盆时，最好先在盆底垫一块防虫网，为利于排水再填入一二层（没有垫防虫网的垫2～3层）陶粒或石子之类的粗材料，泡沫块也很好，既能废物利用又环保，且很容易得到。然后填入一些基质（如果还要施基肥，要在肥料上再填一层基质，避免根系直接接触肥料），填入的基质数量要根据根系的情况来确定，即在随后的种植时能够让幼苗根系自然舒展开。之后，用一只手拿苗放于盆中央，填基质于苗根的周围，再用手适当压实，注意不要种植太深，超过根系上面不到1厘米即可。因为一般浇水时都要浇透，为了便于今后浇水，还需要注意上盆后所装基质不要太少也不能太多，只需要约85%满，以后浇水时把剩下的约15%空间浇满水，这些水就差不多刚好能够使全部基质湿润。目前许多花卉种植爱好者都不知道这个细节，往往装得基质太多，导致浇水费时，甚至浇水时基质也随之外流（图7-25～图7-31）。

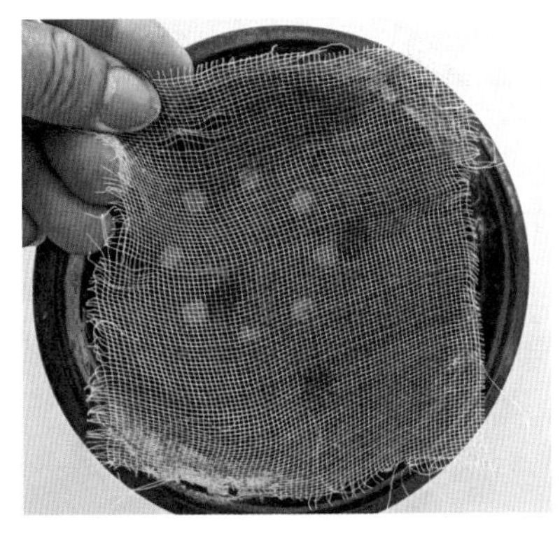

图7-25　盆底先垫一块防虫网

种植上盆完毕即浇透定根水。

图7-26　填入一二层泡沫块

图7-27　填入部分基质，把幼苗根系舒展开

图7-28　继续填入基质

图7-29　填完基质后再用手适当压实

图7-30　最后基质装约85%满

图7-31　浇透水

如果是裸根种植的苗，根特别是根毛容易受到损伤，上盆后会影响对水分的吸收，幼苗有可能停止生长或萎蔫，等新根毛发生后，才恢复生长，这段时间称为缓苗期。缓苗期间应把盆株放在遮阳的地方，注意之后浇水不要太多，等基质表面干了再浇水，空气太干燥可向叶片进行喷水。约1周后再把盆株放在阳光充足的栽培场所进行正常管理。

（四）浇水

月季浇水与种类品种、自然气候条件和季节、植株的大小、花盆的种类和大小、基质类型等多种因素都有关系，是否需要浇水可根据基质的干湿情况来确定，每次浇水都要浇透，一般盆底刚好有一点水流出就说明浇透了。在生长期一般可以等到基质表面1厘米深处干时再进行浇水。在夏天或秋天高温干旱干燥时，每天都需要浇1～2次水，浇1次水时，一般宜在上午浇；浇2次水时，上午和下午各浇1次。一般不要在傍晚进行浇水，因为晚上温度较低、湿度较大，如果浇水时植株上留有水滴，会因水滴存留时间长而引发地上部病害。有人在进行浇水时，频繁少量浇水，每次浇水只浇少量让基质上层湿润，这种方法不可取，因为基质下面经常无足够的水可让根系吸收，而表面长期湿润又导致空气进入基质不足，月季难以耐受这种情况。

每浇一次水后，由于被根系吸收和蒸发的原因，基质里保存的水分就会越来越少。等到根系吸收的水分不足时，植株就会出现嫩枝叶和花蕾下垂、叶片卷起等萎蔫现象，也可以说植株处于暂时生长停止状态。萎蔫出现后进行浇水，枝叶很快就会恢复挺立，这种萎蔫称为暂时萎蔫（图7-32）。有些人经常等到植株出现萎蔫时才进行浇水，这对植株的正常生长和开花是有影响的，因为植株出现萎蔫之前的一段时间，根系已不能够正常吸收到水肥，体内的各种正常生理活动也就受到了影响。

植株出现暂时萎蔫后如果一直没有进行浇水，就会出现越来越严重的脱水情况，也就是旱害现象：老叶失水下垂，叶子从下往上不断枯萎脱落，直至整株的叶子全部枯萎脱落（图7-33～图7-36）。如经常等到植株出现萎蔫及萎蔫程度比较重时才进行浇水，植株也会出现下部叶片早衰早落的现象。

如果植株上有花，缺水时花比叶子更加容易受到伤害。缺水时花瓣从外层向内层不断皱缩干枯，此后再浇水也不会复原；萎蔫的花蕾失水严重时，再浇水花蕾也不会复原，最后花或花蕾完全干枯（图7-37 ～图7-40）。

当植株干旱导致叶子全部脱落时，茎继续干旱一段时间才会干枯（图7-41）。当茎还未枯死时

图7-32　缺水导致暂时萎蔫，嫩枝叶和花蕾下垂

图7-33　全株叶子萎蔫

图7-34　全株萎蔫开始后第7天

图7-35　全株萎蔫开始后第14天

图7-36　全株萎蔫开始后第20天，叶子几乎全部干枯

图7-37　脱水的花瓣

图7-38　脱水的花瓣无法复原

图7-39　脱水的花蕾无法继续开放

图7-40　脱水干枯的花

图7-41　缺水导致植株完全枯死

可把茎进行重剪，然后用浸盆的方法让基质重新湿透，茎就会重新萌芽成株。植株缺水导致整株枯死，这种情况在专业上称为永久萎蔫。植株缺水直至整株枯死所需要的时间，与季节、气候、植株大小、所使用的基质、盆的大小等有关。

泥炭有个比较明显的缺点，就是完全干透后往往难以重新再湿润。使用纯泥炭或者以泥炭作为主要材料的无土基质种植的月季，当基质完全干了再进行浇水，往往很快就会看到排水孔有水流出来，很多人以为这就浇透了，但实际上基质基本上还是干的。如果出现这种情况，也需要用浸盆的方法来让基质重新湿透。（图7-42～图7-44）。

图7-42　完全干了的泥炭

图7-43　干泥炭从上往下浇水很难湿透

图7-44　用浸盆的方法让干泥炭重新湿透

含土基质有时因为太过板结，水分无法渗入基质里面，虽然进行了浇水但也会导致植株很快萎蔫，这时就要注意进行松土的工作了。

在冬季因为温度低，月季生长慢，土壤也干得慢，可以数天至1周才浇1次水。浇水时水温要与土温或室温接近。如果用冷水来浇，根系会受低温的刺激，从而引起吸收能力的下降，抑制根系生长，严重时还会伤根甚至引起烂根。另外，如果冷水溅落到叶片上，也可能产生难看的斑点。所以在冬季浇水时，宜在中午前后进行。如果自来水温度太低（特别是早晨），可先贮放1～2天再使用，贮存期间水会吸热而使水温上升到接近室内的温度。在冬季月季会出现落叶休眠的地区，例如在中部江浙沪地区，可在基质表层偏干发白后再等三四天，再进行中午前后浇水，北方地区可以适当延长几天。

浇水太频繁，特别是对于本身排水和透气性不好的基质，因为基质中的孔隙长期存有水，导致基质内的空气（氧气）不足，根系就无法正常生长发育，水肥吸收也就受到影响，植株会生长不良，严重会导致根系发生根腐病而死亡，植株进而死亡（图7-45）。

由于基质水分过多的危害比水分缺失、土壤干燥的危害更大，而且水分过多较容易导致植株死亡，因此，如果无法准确判断什么时候才需要对月季进行浇水，那么请记住：宁愿浇水次数少点，也要比多浇水更加安全。

图7-45　排水和透气性不好的基质因为浇水太频繁，最终导致植株死亡

（五）追肥

由于盆花的施肥量与次数，依种类品种、植株大小、生长发育时期、季节环境、基质类型、肥料种类、施肥方法等有很大差

异，所以不存在统一的标准施肥模式。

图7-46　复合肥颗粒

盆栽月季有含土基质和无土基质两类，其追肥的模式肯定是有差别的。含土基质因为含有土壤，通常也只要追施氮肥、磷肥和钾肥即可，家庭栽培使用商品复合肥（图7-46）最为方便。笔者的建议是：向盆中施0.5～2克氮（N）：磷（P_2O_5）：钾（K_2O）=1∶1∶2或1∶1∶3的复合肥，小盆和幼苗施少些，大盆和成长的植株施多些。如果购买不到这两种比例的复合肥，也可以购买氮∶磷∶钾=1∶1∶1的复合肥（最多、最常见的产品类型是N-P_2O_5-K_2O=15-15-15）。肥料要均匀地撒在基质表面，先用小棒或螺丝批挖松基质表层，再撒上肥料，最后再把肥料松入基质中。平时追肥可每隔20～30天施用1次，冬天则30～45天施用1次，通常气温越高基质越易干，浇水次数就要更多，肥料流失也就更多，所以具体需要结合当地温度的情况来灵活掌握。

除了用复合肥进行追肥外，像花生麸也可以作为追肥肥料，但要经过腐熟，做法是：用一个可密闭的容器，把捣碎的花生麸放入，再加入7～10倍量的水，因为在发酵过程中有气体产生，所以瓶内要留有约1/4的空间，然后盖紧瓶盖。温度高发酵快，所以容器可以放在有太阳的地方。发酵约一个月可以使用，时间越长，腐熟程度越高越好，使用时要再兑10倍左右的水。没有用完的发酵液可以继续密封待以后使用，放置时间长效果反而更好。花生麸不仅含有氮、磷和钾，还含有其他营养元素，是一种很好的追肥肥料。那么是不是盆栽月季可以不使用其他肥料，而只使用花生麸水进行追肥就可以了呢？由于笔者没有试验过，所以无法下结论。但是从理论上来分析，花生麸所含的氮、磷和钾的量是不能够充分满足月季需求的，所以笔者认为还应该要结合上面提到的复合肥来一起施用，具体的方法只能由读者自己去摸索。

月季施肥太少，则生长开花不良；某种营养元素吸收过多，植株同样可能出现生长开花不良现象；一次施肥量过大或浓度太高，易引起根系“烧伤”甚至导致植株枯死（如果发生这种现象，这时应立即向盆里连续浇几次水，浇水能淋洗掉肥料）。对于没有太多经验的养花爱好者，如果对复合肥以及其他肥料每次的具体施用量以及间隔时间无法充分掌握，那么请记住“薄肥勤施”这四个字，即让每次的施用量少一些或者浓度低一些，施的次数多一些。

上面介绍使用的复合肥，肥效期不长，1个月左右就要施1次。实际上，人们较早就已经研究开发出了肥效期更长的缓释肥料（图7-47），又称控效肥料、控释肥料、长效肥料，这种肥料营养元素的释放与作物吸收（需求）能够同步，而且施多了也不容易产生烧伤根系的问题。目前市场上销售的缓释肥料产品，维持肥效时间最短的有3～4个月，更长的达6～7个月，甚至长达1年。因此可以说，缓释肥料也特别适合家庭养花使用，使用方法也如上述复合肥一样（图7-48～图7-50），施用量可多一些，最好根据说明书上的用量进行使用。也有资料介绍，直径为15～18厘米的花盆，每盆可施2～5克。至于施肥的间隔时间，需根据所购买产品的肥效期来决定。

图7-47　一种缓释肥料颗粒

图7-48　先松表层基质

图7-49　均匀撒入肥料

图7-50　再把肥料松入基质中

如果使用无土基质种植月季，因为其本身所含的营养元素含量很少甚至没有，所以不仅要施氮肥、磷肥和钾肥，按道理还要施钙、镁、硫、铁、硼、锰、铜、锌、钼、氯和镍这些元素肥料。商业生产盆栽月季多使用无土基质，有的生产者施肥是使用含营养元素全面的营养液，在此不作进一步介绍。有的生产者因为对肥料不熟悉，在对使用无土基质的盆栽月季，也按照有土基质一样来进行施肥，因为所使用的肥料仅含有氮磷钾，因此容易由于其他营养元素的缺乏而导致植株生长不良。其中最容易缺乏镁元素（Mg），镁是植物所必需的大量元素之一，是叶绿素的组成成分，缺少时叶脉间就会明显失绿发黄，出现清晰网状脉纹（图7-51）。

图7-51　无土基质种植月季，缺镁使叶脉间明显失绿

商业盆花生产使用无土基质时，有很多生产者并没有使用营养液来进行施肥，因此肥料制造商生产出了相适宜的缓释肥料，不仅含有氮、磷和钾，还主要添加有镁和相关的微量元素（图7-52）。因此在家庭使用无土基质种植月季时，使用这种肥料也是相当方便而且有效的。

（六）修剪

对于盆栽月季来说，修剪是一项十分重要的工作，随时都要注意进行修剪。如果缺乏修剪，会导致植株越长越高、花枝越来越短细、花越开越小，植株下部叶子掉光而显得空荡，枝条高矮和疏密不 、杂乱无章、倾斜倒伏等（图7-53～图7-55）。

对于盆栽月季的修剪知识和技术，基本上可参考第五章月季露地栽培中的修剪部分。主要不同之处在于对残花的修剪方法。另外目前对于非微型月季，也有爱好者采用了第六章月季设施栽培主要技术中提到的压枝技术。

盆栽月季残花需要剪掉，不剪的话不但不美观，而且会影响到这个枝条再开花时花的大小和花枝的长短，也影响到整个株形，有的还会结果导致营养浪费。修剪残花不是简单地把残花剪掉，而是在于残花连同下面的枝条要剪去多长的问题，这与种类品种、株形、本身枝条的长短等密切相关。在第五章露地栽培主要技术中提到过修剪残花的

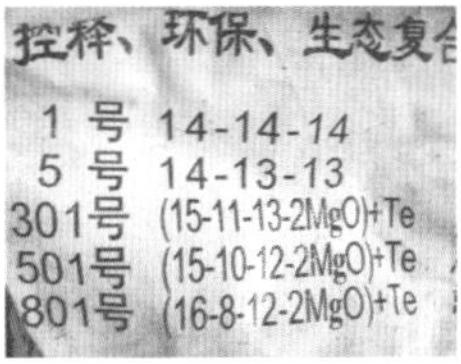

图7-52　含有镁和相关微量元素的缓释肥料

Te指微量元素

图7-53　微型月季枝条散乱弯垂

图7-54　盆栽枝条散乱垂地

图7-55　枝条高矮不一

要求，就是把残花至少连同下面第一个具5小叶的复叶一起剪去。但是对于盆栽杂种茶香月季，株高也就几十厘米，其基部萌发出的枝条（非徒长枝）可以超过1米（一般会修剪的人，在其未开花之前就会把其剪短，让其重新萌发侧枝），对于这个将来作为主枝的枝条开过花后怎么进行修剪？如果仅把残花朵剪掉（或者残花朵也不剪），由于这个枝条本身就过长导致株形已经不协调，而由于其下面的侧芽也很快萌发开花，花枝短、花朵小，会使株形更不协调。残花连同下面的枝条剪去不长，问题改善也不会太大，至少要把枝条剪去一半长才适宜（图7-56～图7-60）。

另外，在长枝条剪短时还要考虑留芽的方向。如果植株内部显得比较拥挤，就应该让最上面节的腋芽方向朝向植株的外面；如果内部比较空，腋芽方向就朝向植株的里面。

图7-61～图7-71为非微型月季的部分修剪技术，图7-72～图7-80为微型月季的部分修剪技术。

图7-56　过长的基部萌发枝

图7-57　基部萌发的主枝不剪残花导致下面所开的花朵小、花枝短

图7-58　不能只剪去残花

图7-59　把残花至少连同下面第一个具5小叶的复叶一起剪去也远远不够

图7-60　至少剪去一半长才适宜

图7-61　缺乏修剪的植株，株形难看

图7-62　剪枯枝

图7-63　剪去残花及病虫枝

图7-64　过长枝剪短，以利于以后开花枝长、花朵大

图7-65　剪去基部砧木枝

图7-66　过老的枝条若要淘汰，需从基部剪去

图7-67　修剪后的植株显得均衡，而且以后开花质量好

图7-68　缺乏修剪的植株

图7-69　对植株进行修剪

图7-70　修剪两周后的植株

图7-71　修剪后的开花株

图7-72　缺少管理的盆栽微型月季，叶落光，茎杂乱，株形难看

图7-73　剪去枯枝

图7-74　剪去弱枝

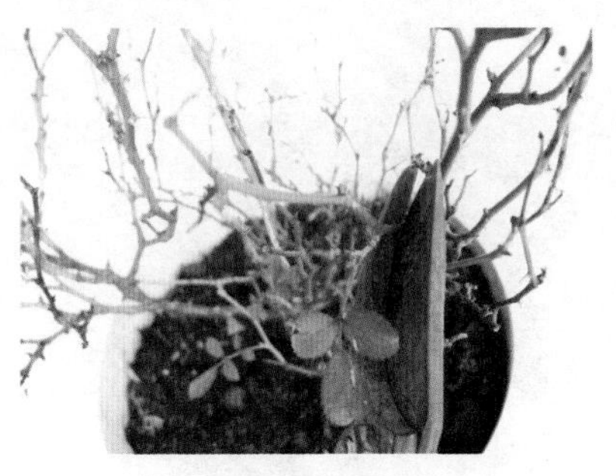

图7-75　剪去过密枝

图7-76　剪去外侧枝

图7-77　长枝剪短

图7-78　修剪后的植株

图7-79　植株重新萌芽长叶

图7-80　植株重新开花

（七）换盆

盆栽月季，一般每年换一次基质，3年生以下的植株还应使用更大些的盆。换盆时间可在春天进行。在有休眠的地区，换盆时间宜在早春新芽尚未萌发之前进行。

换盆前注意控制浇水，使基质稍干为宜，以利于脱盆。脱盆后，去掉周围约一半的旧基质，剪去老根、弱根、病根和枯根，再按上述幼苗种植上盆的办法进行种植管理。在生长期间进行换盆时，还要注意剪去地上部一些枝叶，或把植株剪矮，有利于成活。

（八）其他管理措施

图7-81　光照不足导致植株节间变长、生长细弱

盆株尽量种植摆放在阳光充足的地方，光照不足会导致植株节间变长、生长细弱（图7-81）。株与株之间不要摆得太密，以保持通风透气良好。夏季盆株最好

放在遮阳的地方，避免强光高温对植株生长造成影响。在下雨时最好把盆株放在遮雨的地方，可大大减少黑斑病等病害的发生；特别是大暴雨时，还可以避免雨滴直接打击造成花朵垂头以及使更加幼嫩的花瓣产生机械损伤。在阳台或窗台上种植或摆放的盆株，每隔数天就要把盆旋转90°，以保持株型直立生长，否则植株就会变成向外（即朝光照的方向）倾斜生长（图7-82）。

图7-82　在阳台或窗台上种植或摆放的盆株，会向外倾斜生长

杂草随时进行清除，特别是对于在我国各地泛滥的红花酢浆草，因为地下部有鳞茎和肉质根，要连根挖起才能根除，否则会产生许多小鳞茎而在秋季又开始大量冒出叶子（图7-83、图7-84）。使用含土基质种植的，比较容易出现基质板结现象，要注意及时松土。随时观察病虫害的发生情况，并采取相对应的防治措施。

图7-83　红花酢浆草

图7-84　红花酢浆草地下部有鳞茎和肉质根，要连根挖起清除

第八章

玫瑰和月季主要病虫害及其防治

一、病虫害防治基本知识

（一）关于害虫防治的基本知识

1. 害虫防治的方法

使用农药是防治害虫的方法之一，还有其他一些防治方法，如在收获后和播种或定植之前，把空地进行深耕并晒土，对于减轻虫害的发生具有明显作用；加强水肥管理，能改善植株的营养条件，使其长得又壮又快，从而提高抗虫能力，而且还可使受害植株迅速恢复生长；及时进行除草和清除残株败叶，对保证植株健壮生长和减轻虫害都有显著作用；对于一些害虫，当发生面积不大或只有数量很少的害虫时，可进行人工或简单机械捕杀，如地中的蛴螬可在被害株及邻株根际扒土寻找捕捉灭杀，在植株上部的害虫如金龟子、蜗牛等可直接捕杀，或利用金龟子假死习性震动植株使其掉落而捕杀；很多害虫的成虫夜晚具有趋光性，可以利用各种诱虫灯对其进行诱杀等。对于害虫的防治，应遵循“预防为主，综合治理”的原则。

化学防治法就是利用化学药剂防治害虫的方法。用于防治害虫的药剂或农药叫做杀虫剂。使用杀虫剂防治害虫有许多优点，例如收效快，防治效果显著；使用方便，受占地和地区性限制较小；杀虫范围广，几乎所有的害虫都可利用杀虫剂来防治，而一种农药又往往可防治多种害虫等。

但是农药往往是有毒的化学药剂，在不合理的情况下使用常会造成人畜中毒、植株药害、杀伤有益生物、污染环境等。长期使用农药还会使害虫产生抗药性，使害虫更加难治。另外，使用农药的花费也很高。

2. 杀虫剂的主要杀虫机理

（1）触杀作用　药剂不需要害虫吞食，只要喷洒在害虫身上，或者害虫在喷洒有药剂的植株表面爬行，就可中毒。

（2）胃毒作用　即害虫把药剂吞食后而引起的中毒作用。

（3）内吸作用　药剂施用到植物体上，先被植株所吸收，然后在体内运输到植株各个部分，害虫吞食植物组织器官或者吸取汁液后即可引起中毒。具有内吸作用的杀虫剂比非内吸杀虫剂对植物的保护时间长，因为一旦药剂进入植株体内，便不会被雨水或灌溉水冲掉，也不会被阳光和微生物分解。

（4）熏蒸作用　药剂由固体或液体变为气体，通过害虫的呼吸系统进入虫体而使害虫中毒。

上述四种作用的药剂也分别称为触杀剂、胃毒剂、内吸剂和熏蒸剂。杀虫剂种类很多，有的防治害虫的作用简单，而有的杀虫剂常常具有两三种杀虫作用。

3. 杀虫剂的毒性对人的影响

有些杀虫剂会使人中毒，而另外一些则相对安全，但如果使用方式不对，即使相对无毒的杀虫剂也能使皮肤发炎。

杀虫剂进入人体有三种途径：口部、皮肤接触和呼吸吸入。皮肤能吸收许多杀虫剂，接触眼睛或伤口时也能很快让杀虫剂进入人体内，皮肤接触是杀虫剂最容易进入施药者体内的途径。空气中杀虫剂的毒气体和细小的干颗粒能够进入人口和鼻而入人体内。施药者不应让杀虫剂接触自己的身体。

杀虫剂对人的毒性有两种类型，即急性中毒和慢性中毒。急性中毒是指一个人接触到杀虫剂后立刻中毒，慢性中毒是反复接触杀虫剂超过一段时期后产生中毒。有些杀虫剂聚积在人体内，最后会引发癌症，或者出现其他严重的疾病。

如果出现杀虫剂急性中毒，应当即刻把中毒者送入医院，并告诉医生是由哪一种杀虫剂引起的，或把杀虫剂标签给医生看。

4. 安全使用杀虫剂

杀虫剂会对人产生毒害，特别是一些很毒的杀虫剂，只要接触少量就可能中毒，所以在处理、施用和贮藏杀虫剂时，采取安全措施是相当重要的。

① 使用打开杀虫剂瓶之前，应仔细阅读说明标签。必须严格遵循

标签上的所有说明指导，任何与标签不一致的用药方式都是不可取的。

② 配药和施药人员要做好安全防护工作，如使用橡皮手套、口罩、护目镜、高筒橡皮鞋、防水工作服等，这些用具用完后要及时用洗衣粉或肥皂洗净以备再用。绝对不要直接接触到杀虫剂，因为杀虫剂在喷雾器水箱中稀释之前是浓缩形式，在混合杀虫剂时这些注意事项尤为重要。

③ 不要增加所介绍的杀虫剂的使用浓度。增大杀虫剂的用量并不能获得更好的防治害虫效果，也很危险。

④ 配成的药液量应适量，能覆盖所需喷洒的区域即可，不要过量。如果喷洒后剩余大量的药液，很难恰当地处理。少量未用的杀虫剂可施于不污染或不危害环境的未处理区。

⑤ 施用杀虫剂时，严禁吃、嗅和喝任何东西。

⑥ 施杀虫剂时要注意天气，风大时不要施。有风天杀虫剂要顺风喷撒，人在上风头。

⑦ 施完杀虫剂后，赶快换下被污染的衣服，并彻底洗澡。

⑧ 施杀虫剂后的区域短期内不要进行割草、挖野菜等。注意看管畜禽，避免其误食喷过杀虫剂的作物或杂草。

⑨ 配杀虫剂要有专门工具，不能与人、畜用具混用。用具用后必须用碱水彻底洗刷，再用清水洗净存放。

⑩ 要恰当地贮放杀虫剂。不要在住室或畜棚内贮存杀虫剂。不要将杀虫剂放置在食物或饲料附近。贮存杀虫剂的建筑物或房间应当干燥，最好有通风设备。大多数杀虫剂如果不暴露到冰冻或高温处并保持密闭的干燥，其贮放时间至少为两年，但最好是尽快用掉。杀虫剂最好单独放在一个房间里。

5. 合理使用杀虫剂

合理使用杀虫剂指应做到经济、安全和有效：做到防治效果好，对作物无药害，对人、畜等比较安全，对环境污染少，能预防害虫产生抗药性，经济上合算，增产增收。合理使用杀虫剂主要有下列措施：

（1）对“症”下药　在防治某种害虫时，所选用的杀虫剂种类和剂型都比较合适，应用之后既能取得较好的防治效果，又没有其他副作用。所以必须先了解杀虫剂的性能和防治对象，才能做到对“症”下药。

（2）适时用药　在虫害问题发生之前，通常不使用杀虫剂。如果只有极个别植株上才有害虫，用人工捕捉消灭可以做到，就无须使用杀虫剂。

当发现有害虫，需要使用杀虫剂时，就要注意掌握适时用药的原则，也就是在用少量的药剂能达到较高防治效果的时期用药。各种害虫的习性和为害期各有不同，其防治的适期也不完全一致。但按照一般规律，在初龄期害虫对杀虫剂更敏感，当幼虫或若虫成熟时，其敏感程度就降低了。通常施药时间同卵化时间一致时，防治效果最好。所以防治害虫的关键是对害虫进行早观察早诊断，使生产者能在害虫发生严重之前用杀虫剂。

（3）掌握配药技术　配制杀虫剂时，药液浓度要准确，依照说明书上的使用浓度，不要太低或太高。在配制液体杀虫剂时，最好用量筒或注射器量取药液。配制乳剂时，为使药剂在水中溶解好，分散均匀，可先配成10倍液，然后再加足水。

（4）保证施药质量　在喷药时力求均匀周到，叶子正反面都要进行喷药。施药不均很难保证防治效果，更不能有丢行和漏株现象。另外，喷药时喷的量不要太多，把药水喷到植株上流出水滴才算喷透、有效的想法是不对的。这种做法一方面浪费农药，另一方面不能够让植株上留有足够的药水，每次喷药只要让植株表面留下一层雾滴即可。施在土中的颗粒杀虫剂，需浇一定量的水让其溶解移动，但不要浇太多的水，以免流失。

（5）注意气候条件　一般在无风或微风时进行施药。气温低时多数有机磷农药效果不好，应在中午前后施药；气温高时药效虽好，但易引起药害，因此应避免在夏天中午施药。刚下完雨或叶片还湿时不宜施药，要下雨的前几天也不宜施药。

对于吃新茎叶的害虫，午后或傍晚施药最理想，因为很多危害新茎叶的害虫在夜间进食，傍晚施用能保证害虫最大程度地接触杀虫剂。

（二）关于病害防治的基本知识

1. 病害、生理病害与传染性病害

月季在生长发育过程中，由于遭受到其他生物的侵害，或不适宜的环境条件的影响，致使植株的生长发育受到干扰和破坏，从生理机能到组织结构上发生一系列的变化，以致在外部形态上发生反常的表现，即为月季的病害。

病害的发生必须经过一定的病理程序。而由于害虫或其他外界的机械力量如碰撞、风、冰雹等引起的伤害，往往是突然发生的，受害植株在生理上没有发生病变程序，因此不能称为病害，常称为损伤。

引起病害发生的原因称为病原。病原按其性质不同分为两大类：非生物性病原和生物性病原。

非生物性病原是指除了生物以外的，一切与月季生长发育有关的环境因素，如光照、温度、水分、土壤、营养、空气等。

由非生物性病原产生的病害当环境条件恢复正常时，就停止发展，并且还有可能逐步恢复正常。由于非生物因素缺乏传染性，所以这类病害又称为非传染性病害，又叫生理病害。例如，前面有提到的低温危害、旱害、缺镁症、涝害，还有除草剂不小心施用使月季产生了药害（图8-1）等，这些都属于生理病害。

至于如大暴雨直接打击造成花朵垂头以及使更加幼嫩的花瓣产生机械损伤斑点等，则属于机械损伤（图8-2、图8-3）。

图8-1　除草剂喷到月季上产生的药害

图8-2　暴雨打击造成花朵垂头

图8-3　暴雨打击使花瓣产生机械伤斑

生物性病原是指引起发病的寄生物，这类寄生物称为病原生物，简称为病原物，引起月季发生病害最主要的是真菌，另外还有病毒和线虫。由病原生物侵染所引起的病害具有传染性，能够传染扩散蔓延，所以称为传染性病害。

由真菌侵染所致的病害称为真菌病害。在持续高湿度、下雨、大雾或重露期，病害发生最严重。过量灌水和傍晚灌溉也能助长真菌病害的发生。

病害的症状是病株内部发生一系列复杂病变的一种表现。症状包括外部和内部两部分。外部症状易被肉眼察觉，表现也较明显，常作为诊断病害的一个重要依据；而内部症状检验通常要用显微镜等工具。

病害的病原不同，症状也不一定相同，有的差异很大。由不适环境因素所引起的生理性病害，其症状仅局限于植物体本身的病变表现；由病原生物侵染所致的病害，其症状除寄主本身发生的外部和内部形态上的病变外，病原生物特别是真菌，能在寄主被害部分产生它们的特征性结构。

因此，为了准确地诊断病害，症状可再分为两部分：寄生发病后表现不正常状态的，称为病状，常见的有花叶、褪色、黄化、斑点或病斑、穿孔、枯焦、腐烂、枯萎、瘤等；病原生物在寄主上的特征性表现，称为病症，常见的有霉状物（霜霉、黑霉、灰霉等）、粉状物（白粉、锈粉、黑粉等）、粒状物、绵（丝）状物等。生理病害与传染性病害的区别，最主要是前者没有病症，只有病状，而后者则既有病症又有病状。

因此在进行月季病害防治时，首先必须确定它是属于生理病害还是传染性病害。如果是生理病害，具体又是由哪一种环境条件不适所导致；如果是传染性病害，又具体是由哪一种病原物侵染所引起的。

2. 杀菌剂防治病害的机理

“预防为主，综合防治”是病害防治的基本方针。病害的防治方法包括农业防治、生物防治、物理防治、化学防治等。化学防治就是使用化学农药来防治病害的方法。使用农药是作物病害防治的重要手段，方法简单，见效快，特别当病害大发生时，农药防治往往是唯一的有效措施。但是，化学防治也有许多弊端，如污染环境、病菌易产生抗药性等。因此化学防治要慎重，尤其要避免长期使用单一农药。

用于防治真菌病害的农药称为杀菌剂，防治病害的机理如下：

（1）保护作用　保护作用是指植株在患病之前喷上杀菌剂，抑制或杀死真菌孢子，以防止病原菌的侵入，使植株得到保护。这类药剂称为保护剂，如波尔多液、代森锰锌等。在发病初期及时喷药，特别是在病害流行季节，及时喷药预防病菌的侵入，非常重要。

（2）治疗作用　治疗作用是指在植株感病后再喷上杀菌剂，杀菌剂能够阻止病害继续发展，甚至使植株恢复健康。这一类药剂是在病原菌侵入后用来处理植株的，称为治疗剂。这类杀菌剂都是属于内吸性的，能够被植株吸收到体内而杀死病菌，如多菌灵、三唑酮、甲基硫菌灵等。

3. 安全使用杀菌剂

杀菌剂虽然对人体的危害远比杀虫剂要小，但并不是完全无害，所以从安全考虑，应该参照上述介绍的安全使用杀虫剂的要求，来使用杀菌剂。

二、主要害虫及其防治

（一）红蜘蛛

螨类种类多，一般在叶片上吸吮汁液，直接破坏叶片组织，故又称为叶螨。有的螨类在叶上大量产卵，这些卵像一层灰尘，在叶上还会有黑色的小斑点——排泄物。螨类虫体极小，大多在0.5毫米以下。最常见的是红色或粉红色的，俗称为红蜘蛛，红蜘蛛多时在叶上特别是在叶背会织成丝一般的网状物，若用手指捏一捏叶片，会在捏住叶片背面的手指上沾上“红血”。

红蜘蛛先危害下部叶片，通常多在叶背危害，用口器刺吸汁液，在叶片表面会出现褪色的斑点，因其繁殖速度极快，叶片受害严重时被小小的斑点完全覆盖，并且可能出现卷曲、皱缩、枯焦似火烤、脱落等现象。芽、嫩枝梢、花瓣等也可能受害。芽和嫩枝梢受害时会导致新的枝叶发育受阻，花芽受害可能变成黑色。如果不注意防治，红蜘蛛会扩展至全株为害。由于红蜘蛛个体太小，肉眼一般难以看到，所以最好用放大镜经常检查叶片两面，特别是在叶背，看是否有红蜘蛛发生（图8-4～图8-8）。

图8-4　在叶片表面出现失绿斑点

图8-5　红蜘蛛主要藏在叶背

防治方法：干热的空气最有利于红蜘蛛的发生，每天给植株喷水有助于防止红蜘蛛侵害；家庭少量种植时，用清洗叶片的方法可把红蜘蛛除杀；用手指压死红蜘蛛，之后再喷水洗净；使用适宜的杀虫剂，叶背也必须喷到药剂（图8-9）。杀虫剂除了选用乐果、氧乐果、敌敌畏、马拉硫磷、克百威等外，还有许多专门用于灭杀螨类害虫的杀螨剂，如三氯杀螨醇、炔螨特、噻螨酮（尼索朗）、溴螨酯、双甲脒、单甲脒、四螨嗪（螨死净）、苯丁锡（托尔克）、苯螨特、苄螨醚（扫螨宝）等。

家庭养花对害虫防治较麻烦，在此特别介绍一下适合家庭使用的克百威。克百威又称呋喃丹、大扶农，属颗粒剂，为高效广谱杀虫剂和杀线虫剂，具有强烈的内吸作用，还有触杀和胃毒作用，毒性高，药效期长，可以防治本书所介绍到的各种地上部或基质里的害虫。但正是因为其毒性强，只可戴上手套把颗粒施于花盆里，严禁兑水喷雾，而且家庭里要特别注意保存、保管好。另外，施了克百威的盆花绝对不能作为药用或食用，克百威也绝对不能用于家庭栽培食用的蔬菜、

图8-6　红蜘蛛多时会在叶上吐丝结网

图8-7　花也会受红蜘蛛危害

图8-8　家庭养花经常用放大镜检查有无红蜘蛛或其他小害虫

果树等上面。对于盆径在20厘米以下的盆花，每盆可施3%的克百威1～5克，盆径在20厘米以上的每盆施6～20克，把颗粒均匀撒于盆里，再用小棒把其松入基质中（图8-10）。

图8-9　喷药时，力求上下两面都要喷到，雾滴要细，叶面沾湿即可

图8-10　克百威颗粒剂

（二）蚜虫

在某些季节，群集的蚜虫数量多时可以覆盖满一层。蚜虫通过针状口器在新生的嫩芽上吸食汁液，会损伤嫩芽，使嫩芽出现不成形的叶片甚至枯萎，抑制了植株的生长。嫩叶、嫩茎、花蕾和花也可能受害，造成畸形、发黏，严重时可使叶片卷缩脱落、花蕾脱落，观赏价值大大降低。蚜虫由于身上会分泌出蜜露，还容易引起煤污病的发生，另外蚜虫还会传播病毒病。蚜虫分泌的“蜜露”还会吸引蚂蚁来吸食，而蚂蚁又常常会把蚜虫从一个位置或植株带到另外一个位置或植株上。

蚜虫种类很多，无翅的体长约4毫米，有翅的约3.5毫米甚至更小，常常呈绿色，也有黑、粉红、棕、黄、灰、黄白等色，繁殖速度都很快。除了组织坚硬的如观赏凤梨外，其他包括月季在内的盆花都可能会受蚜虫的危害（图8-11～图8-15）。

防治方法：剪除严重变形的受害部分；经常进行盆花的清洁；用手指压死，之后再喷水洗净；必要时使用杀虫剂。适合灭杀蚜虫的杀虫剂有许多，如吡虫啉（咪蚜胺、灭虫精、扑虱蚜、蚜虱净、大功臣、康复多）、克百威、乐果、敌百虫、乙酰甲胺磷、杀螟硫磷（杀螟松）、辛硫磷、抗蚜威、鱼藤酮（鱼藤精）、螺虫乙酯等，以及拟除虫菊酯类杀虫剂如甲氰菊酯（灭扫利）、高效氯氟氰菊酯（功夫）、除虫菊酯、氰戊菊酯（杀灭菊酯）等。

图8-11　黑色蚜虫

图8-12　绿色蚜虫

图8-13　花上的蚜虫

图8-14　瓢虫是蚜虫的天敌

图8-15　如果植株上有蚂蚁在不断走动，往往是感染了蚜虫、介壳虫等

家庭里还可取2克洗衣粉，加水500克搅拌成溶液，加清油一滴，然后喷雾，或者取肥皂和热水按1∶50的比例溶解后喷施，对蚜虫、红蜘蛛、介壳虫等有防治效果。

（三）蓟马

蓟马种类有很多，常见的为黄色、绿色或黑色。个体极小，体长1毫米左右，成虫有翅膀，但是通常都不飞而跳跃。蓟马利用特殊的口器刮破植物表皮，然后吸收汁液为生。蓟马喜欢寄居在月季柔软的枝梢上，受害处出现失绿斑点或斑块，严重时使得新叶、嫩芽和枝梢卷曲褶皱乃至凋萎。危害花朵时，使花瓣出现失绿的黄色或粉色斑点或块状斑纹，严重者使花瓣变褐、卷曲、皱缩、枯黄脱落，花蕾受害严重也会导致畸形。蓟马甚至也会侵害果实。

图8-16　受蓟马危害的嫩枝梢

蓟马还会分泌一种淡红色的液体，然后变成黑色，黏在花或叶片上。蓟马怕光，白天躲藏在花朵内或者褶皱卷曲叶中或者在土壤缝隙内，到了傍晚和晚上没有光线的时候开始外出进行危害，阴天时白天也会出现危害。蓟马由于白天隐藏在花瓣间的缝隙、卷叶中等处，杀虫剂往往难以直接打到虫体上，因而更不容易防治（图8-16～图8-20）。

图8-17　白天拨开花瓣可看见惊散的蓟马

防治方法：用放大镜经常检

图8-18　阴天蓟马出来危害

图8-19　蓟马

查，摘除受害严重的花、叶子和枝梢；使用适宜的杀虫剂。防治蓟马的杀虫剂有吡虫啉、克百威、乐果、喹硫磷、马拉硫磷（马拉松）、乙酰甲胺磷、螺虫乙酯、杀螟硫磷（杀螟松）、鱼藤酮、敌敌畏、杀螟丹（巴丹）、甲萘威（西维因）等。

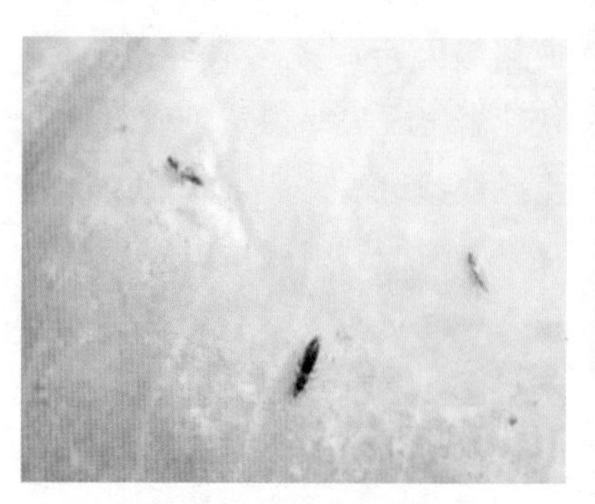

图8-20　果实上的蓟马

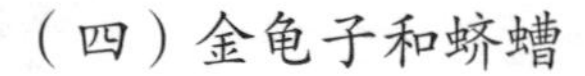

（四）金龟子和蛴螬

金龟子是一类甲虫，种类繁多，全世界约有3万多种，我国约有1300种，体形各异，体色多样，是一类杂食性害虫。根据笔者观察，在广东有多种金龟子会危害月季，最常见的是铜绿金龟子和大小不一的呈茶褐色的金龟子。金龟子体壳坚硬，表面光滑，多有金属光泽，有明显的避光性，通常白天在土壤中躲藏，晚上出来取食，可咬食月季的花、叶和芽，造成网状孔洞和缺刻，叶片严重时仅剩主脉，群集危害时更为严重。常在傍晚至晚上10时咬食最盛，有时阴雨天白天也可见到（图8-21～图8-29）。

金龟子的幼虫称为蛴螬，是一种危害广泛的地下害虫。蛴螬在土壤中生存，至少在土中度过10个月。虫体柔软，白到灰色，通常在土壤里卷曲呈“C”字形。蛴螬咬食根部，危害严重时导致植株枯黄死亡。土壤或基质里有地下害虫时比较麻烦，因为不容易发现；而当发现时，植株又往往已受到比较严重的损害甚至已经死亡。当平时的养护管理都比较正常，而植株仍然出现生长不良或萎蔫时，就需要考虑一下是否因有地下害虫而使植株受到伤害，可直接挖开土壤或基质，检查根系的情况并检查是否有蛴螬。地栽的月季比盆栽更容易见到蛴螬。蛴螬通常夏初化蛹，之后变成成虫金龟子（图8-30、图8-31）。

防治蛴螬方法：通常春季4～5月和秋季9～10月蛴螬危害最明显，主要防治办法是施用杀虫剂。7～8月当刚孵化出幼虫时，施用杀虫剂最

图8-21　金龟子主要在晚上出现

图8-22　铜绿金龟子咬食花瓣

图8-23　铜绿金龟子咬食叶片

图8-24　茶色金龟子危害叶片

图8-25 小型茶色金龟子

图8-26 黑色金龟子

图8-27 有斑纹金龟子

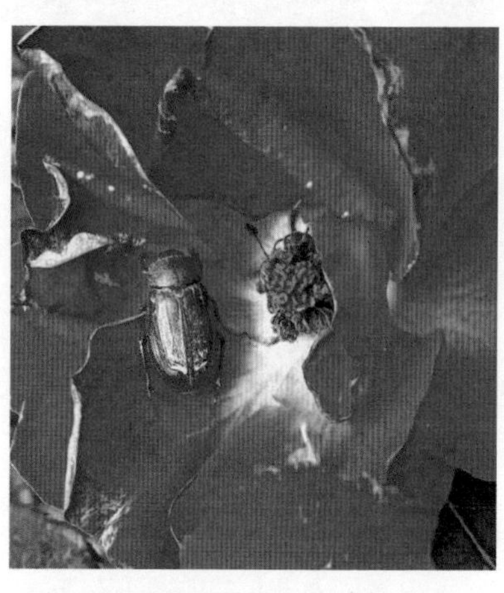

图8-28 棕色金龟子

图8-29 白天金龟子藏在土里

图8-30 种植地里的蛴螬

有效。可用辛硫磷、毒死蜱等配成一定浓度后淋在土壤或基质里，或把克百威直接施入土壤或基质里。

防治金龟子方法：一是利用其具有的假死现象，在傍晚或早晨，人工震荡植株，害虫假死落地，然后捕捉灭杀。二是喷杀虫剂，如用敌百虫喷在植株上，害虫吃了有毒的花叶后而死亡。三是在晚上当害虫为害时，喷拟除虫菊酯类杀虫剂，可直接喷在虫体上，造成虫体中毒死亡。

图8-31　花盆里的蛴螬

（五）介壳虫

介壳虫又称蚧，种类极多，有的只有1.5～3毫米长，颜色有棕色、淡黄色、白色、粉红色等。无论是哪一种介壳虫，幼虫孵化出来以后会活动，以寻找可食茎叶的地方，然后分泌一层保护性的蜡质覆盖物——介壳，之后就不再移动，成虫就躲在介壳里面吸取汁液为生。有的介壳虫上的覆盖物像粉一样、具白色茸毛，特称为粉介壳虫，吹绵蚧也是其中一种（图8-32～图8-34）。

图8-32　介壳虫（一）

图8-33　介壳虫（二）

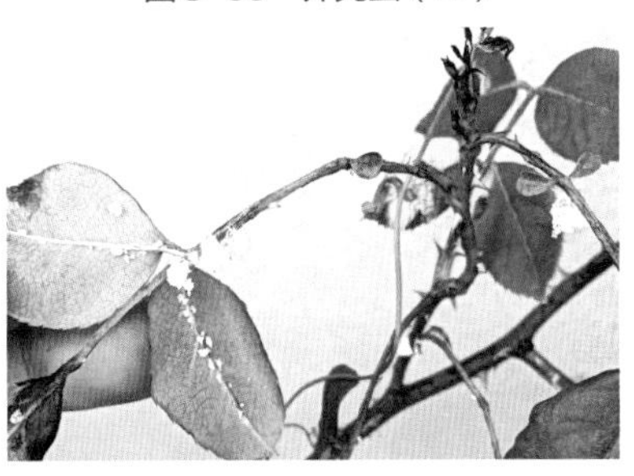

图8-34　吹绵蚧

家庭里所有养的花，都容易受到介壳虫的危害，叶子、茎和叶腋处都会受害。受害处会出现褪色的斑点，虫多时叶片会变黄、枯萎。介壳虫也会分泌出“蜜露”，从而引起煤污病的发生以及吸引蚂蚁。

防治方法：介壳虫成虫固定不动，而且有特殊的介壳外貌，因此很容易判断。家庭少量的盆花，简单、有效而安全的方法是用人工防治，如可用牙签剔掉、用牙刷刷掉、用指甲刮掉等。规模化生产一般使用杀虫剂来喷雾，对刚孵化、介壳尚未增厚的幼虫，使用上述防治蓟马的杀虫剂都有效；成虫因为有介壳保护，使用内吸性的杀虫剂效果才好，如乐果、螺虫乙酯、呋虫胺、氟啶虫胺腈（砜虫啶）、克百威等。

（六）蔷薇三节叶蜂

蔷薇三节叶蜂又称月季叶蜂、月季锯蜂、无斑黄腹三节叶蜂，雌成虫体长约8.4毫米，翅展17.3毫米，橘黄色，头黑色具光泽，翅浅黄色半透明。雄成虫体长约6.9毫米，翅展13.2毫米，头与胸部黑色，略具蓝色金属光泽，前翅烟色，后翅透明，翅脉暗褐色。成虫产卵时，头多向下，将锯齿状产卵齿刺入月季嫩枝条达髓部，将卵以“人”字形两列纵向排列依次产出卵。产卵瘢痕长7～44毫米，每雌平均产卵50余粒，产卵瘢痕很快变成黑色。末龄幼虫体长约20.1毫米，头部亮褐色，体、足浅绿色，化蛹前浅黄色。蛹色变化大，浅黄色或暗绿色。

成虫产卵于嫩枝形成菱形伤口，不能愈合，极易被风折枯死，严重影响植株生长、开花。幼虫孵出后在卵壳上静伏约30分钟，之后爬至枝条的嫩叶上，约1小时后开始取食。1～2龄幼虫有群集性，3龄后分散为小群体，食量很大。幼虫昼夜取食，强光、高温和雨天不取食。幼虫群集咬食叶片、嫩梢及花朵，严重时将叶肉、嫩梢或花朵吃光，叶片只残存粗叶脉。老熟幼虫停食后，爬至地面，于寄主根迹周围的松土内结茧。

嫩枝上发现有黑色的产卵瘢痕，说明很快就会有叶蜂害虫出现。家庭少量的盆花，可人工防治，发现叶背有小幼虫可摘下叶子，然后把其弄死；大时的幼虫可用两根小棒或镊子，把其夹走弄死。上述防治蓟马的杀虫剂，同样可以用于防治叶蜂幼虫（图8-35～图8-40）。

图8-35　成虫在嫩枝上产卵

图8-36　产卵后不久的瘢痕

图8-37　产卵较久后的伤口

图8-38　小幼虫群集危害叶子

图8-39　小幼虫群集危害花

图8-40　成长的幼虫危害叶子

（七）斜纹夜蛾

斜纹夜蛾又称莲纹夜蛾、夜盗虫、乌头，成虫为体形中等略偏小的暗褐色蛾子，前翅斑纹复杂，其斑纹最大特点是在两条波浪状纹中间有3条斜伸的明显白带，并因此得名。斜纹夜蛾是一类杂食性和暴食性害虫，当今几乎在我国各地都有分布，不仅危害月季，还广泛危害其他花木和作物。幼虫体长可达5厘米，头部黑褐色，胸部多变，从土黄色到黑绿色都有，体表散生小白点。蛹长15～20毫米，圆筒形，红褐色，藏在土里。

卵多产于叶片背面，数十至上百粒集成卵块，外覆黄白色鳞毛。初孵幼虫群集在叶背危害，取食叶肉，仅留下表皮，从叶面上看出现许多小斑点和斑块。幼虫较大时就分散取食，白天躲在叶背。老龄幼虫有昼伏性和假死性，遇惊就会落地蜷缩作假死状。在白天通常藏在土壤或基质缝里或花盆底，傍晚后爬到植株上取食叶片、枝梢或花瓣，造成缺刻、残缺不堪甚至将其全部吃光，取食花蕾和花梗时造成缺损或孔洞，容易暴发成灾。阴天时白天幼虫也会出现危害。幼虫取食处或旁边，往往会有其留下的黑色颗粒状粪便。所以当白天看到植株器官受害而见不到有虫而见到有黑色颗粒状粪便时，通常就是斜纹夜蛾幼虫危害的结果，可检查土壤、基质或花盆底。防治方法可参考叶蜂的防治（图8-41～图8-48）。

图8-41　叶背上刚孵化不久的斜纹夜蛾小幼虫

图8-42　小幼虫危害在叶面出现的症状

图8-43　小幼虫钻食幼花蕾

图8-44　钻食花蕾形成的孔洞

图8-45　小幼虫几乎把幼花蕾吃光

图8-46　小幼虫危害花瓣

图8-47　老龄幼虫钻食花苞

图8-48　藏在土里的蛹

（八）毛虫

蛾类种类相当多，其幼虫形状和颜色各异，许多种类的幼虫体表上长有毒毛，常叫毛虫或毛毛虫，毛的颜色、长短、数量、分布等也不相同。根据笔者观察，在广东有多种毛虫会危害月季，最常见的是双线盗毒蛾的幼虫。毛虫主要咬食叶片、枝梢、花蕾和花瓣，造成缺刻或穿孔，幼小毛虫会在叶背啃食叶肉只剩下上表皮或造成穿孔。防治蓟马的杀虫剂，同样可以用于防治毛虫（图8-49～图8-60）。

图8-49　双线盗毒蛾危害叶

图8-50　双线盗毒蛾危害花

图8-51　松毛虫

图8-52　其他毛虫（一）

图8-53　其他毛虫（二）

图8-54　其他毛虫（三）

图8-55　其他毛虫（四）

图8-56　其他毛虫（五）

图8-57　其他毛虫（六）

图8-58　其他毛虫（七）

图8-59　其他毛虫（八）

图8-60　其他毛虫（九）

（九）蜗牛和蛞蝓

蜗牛和蛞蝓都属于软体动物。蜗牛种类极多，大小不一，外面都有一个比较脆弱、低圆锥形的保护壳。蜗牛头部显著，具有触角两对，大的1对顶端有眼。在蜗牛的小触角中间往下一点儿的地方有一个小洞，这就是它的嘴巴，里面有一条锯齿状的舌头，称为“齿舌”，可用于刮取食物。蜗牛嘴的大小虽然和针尖差不多，但是牙齿却有10000多颗甚至超过20000颗，是世界上牙齿最多的动物。蜗牛腹面有扁平宽大的腹足，行动缓慢，足下分泌黏液，降低摩擦力以帮助行走，黏液还可以防止蚂蚁等一般昆虫的侵害。

蜗牛对环境反应敏感，喜阴湿，最怕阳光直射，所以一般昼伏夜出，晚上藏在土壤或基质中，或盆底等隐蔽处，如遇阴雨天白天也会活动危害。小蜗牛一孵出，就会爬动在叶背取食，无须母体照顾。当受到敌害侵扰时，蜗牛的头和足便缩回壳内，并分泌出黏液将壳口封住；当外壳损伤致残时，虫体能分泌出某些物质修复肉体和外壳。灰巴蜗牛和非洲大蜗牛（褐云玛瑙螺）在华南地区最常见，前者体形较小，后者体形大。蜗牛主要刮食叶片和花瓣，造成孔洞或缺刻；排出的粪便还会造成污染，引起叶花腐烂（图8-61～图8-67）。

蛞蝓又称野蛞蝓、鼻涕虫，看起来像没壳的蜗牛，长梭形，柔软，体表有黏液而湿润光滑，暗黑色、暗灰色、黄白色或灰红色，成虫伸直时体长可达3～6厘米，体宽4～6毫米。有触角两对，暗黑色，下边一对较短，约1毫米，称前触角，有感觉作用；上边一对长约4毫米，称后触角，端部具眼。口腔内有角质齿舌。蛞蝓怕光，因此均夜间活动，从傍晚开始出动，晚上10～11时达高峰，清晨之前又陆续潜入土壤、基质中，或盆底等隐蔽处（图8-68、图8-69）。

图8-61　叶面出现不规则小斑以及穿孔，往往是小蜗牛在叶背危害

图8-62　小蜗牛喜欢藏在叶背，还会留下黑色条形粪便

图8-63　下雨天蜗牛和蛞蝓增多

图8-64　灰巴蜗牛危害花

图8-65 非洲大蜗牛危害叶

图8-66 非洲大蜗牛危害花

图8-67 另一种体形较大的蜗牛

图8-68 蛞蝓危害叶片

防治方法：蜗牛和蛞蝓爬过的地方都会留下黏液，黏液发亮可见。两者都喜阴湿，因此阴雨天特别多。其防治方法也相同，清晨或阴雨天可用人工捕捉杀死，也要检查叶背和抬起花盆检查盆底；在植株下面和盆底撒一层生石灰粉；用特效农药四聚乙醛（密达、灭旱螺、蜗火星、梅塔、灭蜗灵、蜗牛敌）颗粒

图8-69 蛞蝓危害花

剂撒在植株下面，每亩用6%颗粒剂500克均匀撒施或拌细砂撒施。

（十）尺蠖

尺蠖的身体细长，有灰色、灰褐色、褐色、黑色、黄绿色、绿色等，因缺中间一对足，故以“丈量”或“屈伸”样的特征性步态移动：即伸展身体的前部，再挪移身体后部使与前部相触，一屈一伸像个拱桥。静止时，常用腹足和尾足抓住枝条，使虫体向前斜伸，颇像一小段枯枝，受惊时即吐丝下垂。成虫翅大，体细长有短毛，触角丝状或羽状，称为“尺蛾”。

我国约有43种尺蠖。根据笔者观察，在广东有多种尺蠖会危害月季，主要咬食叶片和花瓣，出现缺刻，严重时把整个小叶片或花瓣吃光。防治蓟马的杀虫剂同样可以用于防治尺蠖（图8-70～图8-80）。

（十一）卷叶蛾

卷叶蛾又称卷蛾、卷叶虫，因在幼虫时期卷叶危害而得名，种类较多。卷叶蛾幼虫会吐丝，或将一片小叶卷起，或将数片小叶缀在一起，或将小叶片和花

图8-70 静止时的尺蠖像一小段枯枝

图8-71 各种尺蠖（一）

图8-72 各种尺蠖（二）

图8-73 各种尺蠖（三）

图8-74 各种尺蠖（四）

图8-75 各种尺蠖（五）

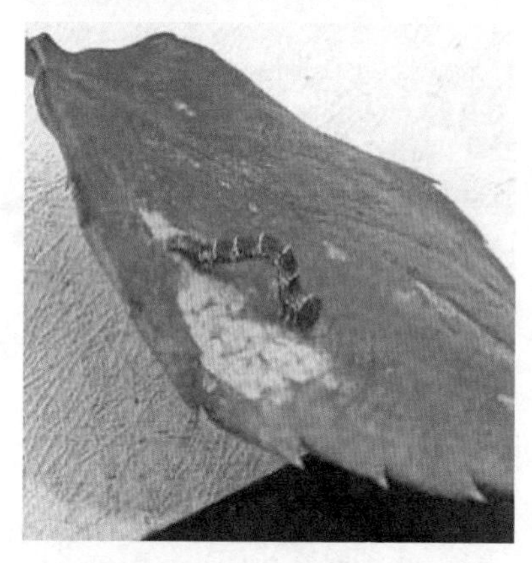

图8-76 各种尺蠖（六）

图8-77 各种尺蠖（七）

图8-78 各种尺蠖（八）

图8-79　各种尺蠖（九）

图8-80　各种尺蠖（十）

蕾缀在一起，幼虫藏在里面取食。危害叶片时，啮食叶肉，残留一层表皮或仅留表皮呈网孔状，并使叶片纵卷；危害花蕾时，啮食花蕾使之残缺。幼虫活泼，遇惊后，常吐丝下垂或弹跳落地，幼虫以在取食处化蛹的居多（图8-81～图8-85）。

图8-81　卷叶蛾幼虫将数片小叶缀在一起

图8-82　将卷叶分开，可看到躲在里面的幼虫

图8-83　卷叶蛾幼虫

图8-84　幼虫把小叶片和花蕾缀在一起

图8-85　将卷叶分开，可看到躲在里面的幼虫及受害的花蕾

防治方法：因为叶片卷起，所以卷叶蛾幼虫容易发现。家庭少量的盆花，可用人工防治，即摘下卷苞，然后把幼虫杀死。害虫多时使用杀虫剂，防治蓟马的药剂也可防治卷叶蛾幼虫。

（十二）袋蛾

袋蛾又名蓑蛾、避债蛾，因为幼虫会咬取枝叶表皮吐丝缠身做袋囊，因此得名。初孵的幼虫吐丝下垂，随风吹到枝叶下，咬取枝叶表皮吐丝做袋囊，幼虫负袋而行。初龄幼虫仅食叶片表皮，虫龄增加，食叶量加大，可取食叶、嫩枝皮及花。大发生时，几天能将全株叶片食尽，残存秃枝光干，严重影响植株生长，使枝条枯萎或整株枯死（图8-86～图8-88）。

袋蛾负袋边走边食叶片表皮，很容易被发现。家庭少量的盆花，可

图8-86　幼虫取食叶片表皮

图8-87　危害较重时的状况

用人工防治，可摘除虫囊杀死。害虫多时使用杀虫剂，防治蓟马的药剂也可防治袋蛾。

图8-88　从袋囊中弄出的幼虫

（十三）黑刺粉虱

黑刺粉虱又叫刺粉虱、黑蛹有刺粉虱，成虫体长0.85～1.42毫米，体橙黄色，翅覆盖有白色粉状物。若虫虫体呈黑色，扁平、椭圆形，体长0.65毫米，宽约0.55毫米，体周具锯齿状白色蜡质物，体背有刺14对。成虫喜较阴暗的环境，多在树冠内膛枝叶上活动，卵散产于叶背，散生或密集呈圆弧形，数粒至数十粒一起，每雌可产卵数十粒至百余粒。孵化的若虫群集多在卵壳附近爬动吸食叶片汁液，叶面出现失绿的斑点斑块，引起叶片因营养不良而发黄、提早脱落。虫体还会分泌蜜露再诱发煤污病，导致枝叶发黑，枯死脱落，严重影响植株的外观及生长（图8-89、图8-90）。

防治方法：适量剪除虫害枝和衰弱枝，清除枯枝落叶；加强栽培管理，增加树势，保持植株通风透光良好；害虫多时使用杀虫剂，防治蓟马的药剂也可防治黑刺粉虱。

图8-89　黑刺粉虱危害时叶背及叶面的症状

图8-90　黑刺粉虱危害严重时的植株

（十四）椿象

椿象又称蝽象、蝽，俗称辣鼻虫、臭屁虫、臭大姐、放屁虫、臭板虫等，因为其身上有臭腺孔，一般在遭受惊动后就会飞走并分泌出臭液，臭液在空气中挥发成怪异难闻的臭气。椿象种类繁多，个别危害月季的嫩枝、花梗、花蕾、叶片等部位，利用针状口器刺吸汁液，造成受害部位出现黄褐色斑点，严重时发黄皱缩（图8-91～图8-94）。

防治方法：月季上椿象危害的情况并不多见，防治蓟马的药剂也可防治椿象。

图8-91　褐色椿象危害花蕾和叶片

图8-92　黑色椿象

图8-93　棕色椿象

（十五）小灰蝶

小灰蝶幼虫主要危害苏铁刚长出的嫩叶，在月季上也吃食花瓣和花蕾，使花瓣缺刻、花蕾出现孔洞。防治蓟马的药剂也可防治小灰蝶（图8-95～图8-98）。

图8-94　带斑纹椿象

图8-95　苏铁上的小灰蝶幼虫

图8-96　小灰蝶幼虫钻食月季花蕾

图8-97　小灰蝶幼虫吃食月季花瓣

图8-98　小灰蝶成虫

（十六）潜叶蝇

潜叶蝇俗称鬼画符，以幼虫潜入寄主叶片表皮下，潜食叶肉组织，曲折穿行，造成叶片呈现不规则的白色条斑。危害严重时，叶片组织几乎全部受害，叶片上布满蛀道，叶黄脱落（图8-99、图8-100）。

图8-99　潜叶蝇（一）

图8-100　潜叶蝇（二）

防治方法：在叶片上很容易发现有潜叶蝇危害。家庭少量盆花及时把有虫叶摘除即可。害虫多时使用杀虫剂，防治蓟马的药剂也可防治潜叶蝇。

三、主要病害及其防治

（一）黑斑病

黑斑病是危害月季最普遍、最主要的病害，几乎全世界月季栽培地区都有发生，在珠江三角洲周年都会发生该病，特别是在雨季及高温高湿季节发病尤盛。黑斑病在叶片上形成褐色至黑色、近圆形的病斑，边缘纤毛状，病斑周围常有黄色晕圈包围。随着叶片上病斑变大及数量变多，邻近叶肉组织色泽也由绿变黄，整个叶片会黄化和脱落。由于叶片不断脱落，导致植株光合能力降低，营养不良而衰弱，严重时导致植株死亡。此外，幼茎、花瓣、花萼、花梗、叶柄等也都会感病，感病的幼茎及花梗上会产生紫色到黑色的条状斑点，微下陷（图8-101、图8-102）。

图8-101　黑斑病

图8-102　黑斑病严重时导致叶黄化和脱落

黑斑病的病原为半知菌类黑盘孢目放线孢属的一种真菌，其以菌丝体或分生孢子盘在病枝叶或病落叶上越冬，分生孢子主要借助雨水、灌溉水、风等进行传播，所以雨水多时发病也多。据测定，叶上有滞留水分时，孢子6小时内即可萌芽侵入。此外，植株种植过密或场地通风不良，也容易发生黑斑病。

防治方法：随时清扫落叶、摘去或剪除病枝叶并移出田间进行深埋或烧毁；最好进行地面覆盖；用杀菌剂进行喷洒。适宜的杀菌剂有波尔多液、石硫合剂、咪鲜胺（施保克、菌百克、使百克）、咪鲜胺锰盐、苯醚甲环唑（世高）、戊唑醇（富力库、立克秀、好立克、菌力克）、嘧菌酯（阿米西达）、甲基硫菌灵（甲基托布津）、多菌灵、代森锰锌等（所有的农药按照标签上说明的使用方法及浓度来进行使用即可，余同），各种药剂轮流使用，每7～10天喷一次。喷药时力求叶片上下两面都要喷到，而且雾滴要细，叶面沾湿即可，不要让叶面形成水滴。

波尔多液属于一种保护性的无机杀菌剂。所谓保护性作用，是指植株在患病之前喷上杀菌剂，抑制或杀死真菌的孢子或者细菌，以防止病原菌的侵入，使植株得到保护。波尔多液能够杀菌的机理，是药剂中的铜离子能够与病原菌膜表面上的钾离子、氢离子等交换，使病原菌细胞膜上的蛋白质凝固，同时部分铜离子渗透进入病原菌细胞内与某些酶结合，影响酶的活性以抑制病菌。波尔多液对人、畜低毒。药液喷在植物体表面形成比较均匀的薄膜，不易为雨水冲刷，残效期长，可达15天左右。

波尔多液除了能够防治黑斑病外，对霜霉病、叶斑病、锈病、褐斑病、立枯病、斑枯病、炭疽病、轮纹病、疫病、缩叶病等也有良好的防治效果。波尔多液是由人工配制的，由于其防治真菌病害范围广，配制也不难，为了降低农药成本，建议生产者自行配制使用。

波尔多液配制原料为石灰材料和硫酸铜，可配成1∶1∶100等量式波尔多液，即1千克硫酸铜+1千克生石灰+100千克水。在配制药液时，先把水的用量分为两等份，一份水用来溶解硫酸铜，另一份水用来配制石灰乳。配制石灰乳时，应先用少量热水把生石灰化开，再用少量水把消解的石灰调成糊状，最后加入剩余的水搅拌即成石灰乳。把溶解的硫酸铜和石灰乳同时倒入第三个容器内，或者把溶解的硫酸铜液倒入已调好的石灰乳中（不能把石灰乳倒入硫酸铜液中，否则会产生沉淀），边倒边搅拌，即成天蓝色的波尔多液。

在配制时还要注意：生石灰宜白、质轻、块状，硫酸铜用纯蓝色的工业用品；如果使用熟石灰，需增加约30%的用量；配制时石灰乳和硫酸铜液均应冷却到室温，两者原液混合后稍加搅拌即可，不可搅拌太久而影响其悬浮性；配制的容器最好用陶器或木桶，因为药液呈碱性，金属容器会有腐蚀作用而不能用；配好的药液带碱性，若呈酸性，应再加石灰；药液应现配现用，不能久放，否则药液会产生沉淀而影响药效。

作为保护性杀菌剂，波尔多液在发病初期就要及时使用，以消灭发病中心，特别是在病害流行季节，及时喷药预防病菌的侵入，显得更为重要。喷施时间宜选在傍晚，中午高温时喷药可能产生药害。在南方雨季和夏季高温高湿季节，露地栽培月季黑斑病严重，有生产者7～10天就喷一次波尔多液。但由于波尔多液会在叶片表面留下白色残迹，可能影响切花枝外观，这种情况下就在花枝没有那么长之前使用波尔多液。

配制波尔多液比较麻烦，目前市场上有几种商品含铜杀菌剂，如氧化亚铜（靠山）、氢氧化铜（可杀得）、碱式硫酸铜、氧氯化铜（王铜、好宝多）、络氨铜、琥胶肥酸铜等，效果与波尔多液基本相同，使用起来也更加方便。

石硫合剂（石灰硫黄合剂）也是一种由人工配制成的很好的保护性无机杀菌剂，用硫黄粉、生石灰和水熬制而成，原液为深红褐色透明液体，有臭鸡蛋味，呈碱性。石硫合剂也可用于防治黑斑病、白粉病、锈病、炭疽病、黑星病、叶斑病、霜霉病、穿孔病、褐斑病等多种病害，同时还兼有防治红蜘蛛和介壳虫的作用，在此也将其配制方法进行介绍。

石硫合剂通常用1份生石灰、2份硫黄粉和10份水进行熬制。具体方法是：首先把生石灰放入瓦锅或生铁锅内，加入少量水使石灰消解，然后加足水量，加温烧开后，滤出渣子，再把事先用少量热水调制好的硫黄糊自锅边慢慢倒入，同时进行搅拌，并记下水位线，然后加火熬煮，沸腾时开始计时（保持沸腾40～60分钟），熬煮中损失的水分要用热水补充，在停火前15分钟加足。当锅中溶液呈深红棕色、渣子呈蓝绿色时，则可停止燃烧。进行冷却过滤或沉淀后，清液即为石硫合剂母液，其波美度（波美度是表示溶液浓度的一种方法）一般为20～24。原液在使用前必须稀释，休眠期喷洒可用波美度3～5，生长期只能用波美度0.3～0.5的稀释液。目前商品也有45%石硫合剂结晶，它是在液体石硫合剂的基础上经化学加工而成的固体新剂型，其纯度高、杂质少，药效是传统熬制石硫合剂的2倍以上，可持续半月左右，7～10天达最佳药效。

（二）白粉病

白粉病由真菌中的白粉菌引起。这种病害，病症常先于病状。病状最初常不明显。病症初为白粉状，近圆形斑，扩展后病斑可联结成片。一般来说，秋季时白粉层上出现许多由白而黄最后变为黑色的小点粒——闭囊壳。少数白粉病晚夏即可形成闭囊壳。病菌以菌丝体在芽、叶、枝等上越冬。

白粉病是月季温室或大棚栽培中最常见的病害，可周年发病，露地栽培在多雨季节或高温多湿时也可发生，栽植过密、氮肥过多、钾肥不足更易发病。首先从植株中上部开始发病，叶片、叶柄、花蕾、花梗、嫩梢等部位均可发病。叶片上发病初期出现褪绿黄斑，逐渐扩大，以后着生一层白色粉状物，严重时全叶披上白粉层。嫩叶染病后翻卷、皱缩、变厚，有时为紫红色；叶柄及嫩梢染病时膨大，反面弯曲，幼叶展不开；老叶则出现圆形或不规则的白粉状斑，但叶片不扭曲；花蕾感病时，表面披白粉霉层，花姿畸形，开花不正常或不能开花。更加严重时，叶片和叶柄枯萎，花梗枯萎、花蕾脱落（图8-103～图8-105）。

图8-103　叶片上的白粉病

图8-104　花蕾上的白粉病

图8-105　白粉病严重时，叶枯萎，花梗枯萎、花蕾脱落

防治方法：及时摘去或剪除感病器官，并移出烧毁；室内空气湿度大时要加强通风；喷施杀菌剂，叶片正反面均匀喷药。杀菌剂可选用石硫合剂、三唑酮（粉锈宁）、多·硫、戊唑醇、苯醚甲环唑（世高）、嘧菌酯、甲基硫菌灵、百菌清、苯菌灵等。

在温室或大棚内，还可用硫黄粉加热让其升华来进行熏蒸，产品有硫黄熏蒸器（图8-106）。硫黄升华释放出硫分子均匀地分布在作物各个部位而形成一层均匀的保护膜，可以起到杀死和防止病原菌侵入的作用，可防治白

图8-106　硫黄熏蒸器

粉病、灰霉病、霜霉病等病害。硫黄熏蒸器安装在高度距地面1.5米处，一个硫黄熏蒸器有效熏蒸距离为6～8米，覆盖范围为60～100平方米，建议在熏蒸器上方40～60厘米高度设置直径不超过1米的遮挡物。硫黄熏蒸一般用作发病前的预防和发病初期的防治，一般每次不超过4小时，熏蒸时间宜为晚上6～10点，熏蒸时要密闭门窗。熏蒸结束后，保持棚室密闭5小时以上，再进行通风换气。每次用硫黄20～40克左右，不要超过钵体的2/3，以免沸腾溢出。5～10天更换一次硫黄粉。

（三）霜霉病

月季霜霉病的病原菌为月季霜霉菌，可危害叶、新梢、芽和花。叶片感病时，初期出现不规则淡绿斑纹，后扩大并呈黄褐色和暗紫色，最后为灰褐色，边缘色较深，渐次扩大蔓延到健康组织。在空气潮湿时，病叶背面可见稀疏的灰白色霜霉层，病叶轻摇就会掉落。腋芽和花梗发病时，出现病斑，然后可能变形。新梢和花感染时，病斑与叶的相似，病斑略凹陷，严重时叶萎黄脱落，新梢腐败枯死（图8-107、图8-108）。

图8-107　霜霉病（一）

图8-108 霜霉病（二）

病菌有卵孢子时以此越冬，但茎叶内菌丝体可多年生存，进行越冬、越夏，以分生孢子从叶背面的气孔侵入。该病主要在温室和大棚中发生，3～4月和10～11月发病较重，90%～100%空气相对湿度和相对较低的温度有利于病害的发展。光照不足、植株生长密集、通风不良、昼夜温差大、湿度高、氮肥过多时，病害更加容易发生。该病发病速度快，防治不及时危害严重。

防治方法：及时清理残枝落叶，清除感病叶片、枝梢和花朵，集中销毁；修剪工具要消毒干净；加强室内的通风降湿，特别是降低夜间湿度很关键；喷施杀菌剂。适宜的杀菌剂有甲霜灵（瑞毒霉）、甲霜·锰锌（瑞毒锰锌）、烯酰·锰锌、三乙膦酸铝（乙磷铝、疫霉灵、疫霜灵）、氢氧化铜（可杀得）、氧化亚铜（靠山）、琥胶肥酸铜、甲霜铝铜等。硫黄熏蒸对霜霉病也有效。

（四）枝枯病

枝枯病又称褐色溃疡病，主要发生在茎枝上，叶和花也可能发病。初期在茎上发生小而紫红色的斑点，继而扩大，中部变成浅褐或灰白色，边缘有紫红圈，病斑稍隆起或开裂，严重发病时环绕着茎枝使枝条枯死，枯枝黑褐色继续向下蔓延，病部与健部交接处稍下陷，后期枯枝变为黄褐色，并散生黑褐色小粒，即病菌的分生孢子器，湿度大或雨天溢出浅黄色孢子角。叶片染病产生紫褐色或较大坏死斑。幼花染病出现“眼斑”，后花瓣变褐枯萎，花蕾受害后不开放（图8-109、图8-110）。

图8-109　枝枯病（一）

图8-110　枝枯病（二）

枝枯病菌以分生孢子器、菌丝及子囊壳在茎枝的患病组织内越冬。翌年春天，分生孢子或子囊孢子借助风雨传播，主要从剪枝伤口、虫伤口、机械伤口、嫁接处等开始侵入，特别是修剪切口离腋芽太远，残留的枝头更易染病发生坏死。病菌的分生孢子萌芽和生长的最适温度较高，为28 ～ 30℃，故夏季发病较重。

防治方法：及时修剪去病枝（连同下面部分健康枝一起剪去），并进行烧毁；台风暴雨后的伤折枝也应及时剪除；切口按标准切口进行修剪；喷洒杀菌剂。适宜的杀菌剂有多菌灵、甲基硫菌灵、福美甲胂、苯菌灵、百菌清等。

（五）灰霉病

月季灰霉病多危害花朵，有伤口的花梗、嫩枝、茎和叶也会发病。花蕾发病时，出现灰黑色斑点，严重时花蕾不开，变褐枯死。花瓣受侵害时，出现小型火燎状斑点，不久变成大型褐色斑，然后皱缩腐烂，温暖潮湿环境下侵染部位会长满灰色霉层。花梗受害严重时，变褐枯萎。在叶缘和叶尖发生时，起初为水渍状淡褐色斑点，光滑稍有下陷，后期叶片变色，密生灰色霉点，变褐色腐烂落下（图8-111～图8-113）。

图8-111 灰霉病

图8-112 灰色霉层

图8-113 花梗变褐枯萎

病菌以菌丝体或菌核潜伏于病部越冬，第二年产生分生孢子，借风雨传播，从伤口侵入，或从表皮直接侵入危害。温室大棚中空气湿度大，易发生灰霉病，露地栽培雨水多时也易发病。凋谢的花和花梗不及时摘除时，往往从此类衰败的组织上先发病，然后再传到健康的花和花蕾上。切花月季采收后储运期间，花朵呼吸产生的热量不易散发，形成冷凝水滴，易发生灰霉病，花瓣产生病斑腐烂。

防治方法：及时清除病部，减少侵染来源，对于凋谢的花朵也应及时剪除；加强室内的通风降湿；喷施杀菌剂。防治霜霉病的杀菌剂对灰霉病也有效。

（六）炭疽病

图8-114　炭疽病（一）

炭疽病是由胶孢炭疽菌（蔷薇炭疽菌）所引起，病原菌在病部越冬，第2年温度和湿度适宜时借风雨或昆虫传播。一般春天新梢生长后期开始发病，夏和秋新梢期盛发，高温多湿条件下发病重。症状一般表现在叶缘，呈半圆形病斑，深褐色边缘，中间呈褐色至浅褐色；发生后期，病斑中间变为灰褐色，且边缘色较深，叶子常脱落。在潮湿的环境下，病斑上生有黑色小粒点，即病原菌分生孢子盘。新梢和花感染时，病斑与病叶上的相似，但梢上病斑略显凹陷。严重时叶萎缩脱落，新梢腐败枯死（图8-114、图8-115）。

图8-115　炭疽病（二）

防治方法：及时剪去病叶病枝；加强水肥管理，提高植株抗病力；喷施杀菌剂。适宜的杀菌剂有咪鲜胺、戊唑醇、吡唑醚菌酯、代森锰锌、嘧菌酯、苯醚甲环唑、多菌灵等。

（七）叶枯病

叶枯病主要发生在叶片上，多从叶尖或叶缘侵入，初期出现黄绿色针点斑，然后病斑向内扩展为不规则形或圆形，再扩展后连成片，病健交界明显，后期病部出现小黑点，干枯似火烧状。受害严重时，叶片干枯可达整个叶片的2/3，直到整个叶片干枯脱落（图8-116、图8-117）。

防治方法：及时剪去病叶，清除落叶；喷施杀菌剂。防治枝枯病的杀菌剂也可用于防治叶枯病。

图8-116　叶枯病（一）

图8-117　叶枯病（二）

图8-118　锈斑

（八）锈病

锈病是由真菌中的锈菌寄生而引起的病害，主要发生在叶和芽上，嫩枝、花托、花梗、花和果上也可以发生。叶片上主要表现出有许多像铁锈一样的斑点，有时病斑颜色较浅，呈现比较红的铁锈状；有时颜色也可能比较深，呈现暗红色（图8-118）。

防治方法：结合田园清理和修剪，去掉病叶、病芽、病枝等；喷施杀菌剂。适宜的杀菌剂有三唑酮、氟环唑、代森锰锌、多菌灵、己唑醇等。

（九）病毒病

蔷薇花叶病毒、南芥花叶病毒等多种病毒，均可侵染月季产生病毒病。叶片受害后，以小的失绿斑点为其特征，有时呈现多角形纹饰。病斑周围的叶面常多少有些畸形。有的表现为花叶，有些表现为黄脉、叶畸形及植株矮化。有的在叶片上产生不规则的斑块，呈浅黄色至橘黄色，斑块附近小的叶脉透明（图8-119、图8-120）。将病株作为繁殖材料、汁液接触和刺吸式害虫都可传播病毒。气温10～20℃、光照强、土壤干旱或植株生长衰弱利于显症和扩展，夏季温度高常出现隐症或出现轻型花叶症。

防治方法：加强田间管理，提高植株抗病力；在生长季节注意防治可传染病毒的蚜虫、蓟马等害虫，可以减少传毒；发病初期喷洒农药。适宜的农药有菌毒清、三氮唑核苷（病毒必克）等。

图8-119　病毒病（一）

图8-120　病毒病（二）

（十）根瘤病

根瘤病又称根癌病，是由胞束线虫侵染所引起的病害。该病主要发生在根颈、侧根及嫁接口处，线虫侵入后会刺激根皮细胞增生，产生肿瘤（图8-121）。发病初期，病部形成灰白色瘤状物，表面粗糙，内部组织柔软，为白色。肿瘤增大后，表皮枯死，变为褐色至暗褐色，内部组织木质化、坚硬，肿瘤呈木质结节状，大小数厘米。发生根瘤病的植株，会出现叶小株矮、叶面发黄、根系数量减少、花瘦弱、不开花等生长不良现象。根瘤病可以传染，只要在同一块地里有病株出现，都会传染给其他健康的植株。

（十一）根腐病

根腐病危害月季根部，一般在地下水位较高、低洼处的栽植地，土壤排水不良和多雨季节时易发生此病，盆栽基质排水不良、浇水过多和多雨季节时易发此病。发病植株长势不旺，叶片呈嫩绿色或发黄，质薄型小，提早落叶，接近地面的茎部常为灰褐色，与正常株相比可见显著的衰弱现象。发病严重时，叶片枯黄脱落，植株死亡，挖起的根部发黑。根腐病的症状类型可分为：根部及根颈部皮层腐烂，并产生特征性的白色菌丝等；根部和根颈部出现瘤状突起；病原菌从根部入侵，在维管束定殖，维管束变褐变硬，最终引起植株枯萎；根部或干基部腐朽等（图8-122、图8-123）。

引起根腐病的病原，一类是属于非侵染性的，如土壤积水、酸碱度不适、施肥不当等；另一类是属于侵染性的，主要由真菌、细菌、线虫

图8-121 根瘤病

图8-122 根腐病病株

图8-123 根腐病病株的根部

引起。根腐病病原物大多属土壤习居性或半习居性微生物，腐生能力强，一旦在土壤中定殖下来就难以根除。

防治方法：根腐病发生的初期不易被发现，待地上部分出现明显症状时，病害已进入晚期。已死的根常被腐生菌占领取代原生的病原菌。另外，根腐病的发生与土壤因素有着密切关系，所以发病的直接原因有时难以确定。根腐病的防治也较其他病害困难，因为早期不易被发现，失去了早期防治的机会。另外，侵染性根腐病与生理性根腐病常易混淆。在这种情况下，要采取针对性的防治措施是有困难的。

根腐病的发生与土壤的理化性质是密切相关的，这些因素包括土壤积水、黏重板结、贫瘠、微量元素、pH值等。由于某一方面的原因就可导致植株生长不良，有时还可加重侵染性病害的发生，因此在根腐病的防治上，要将选择适宜于月季生长的立地条件以及改良土壤的理化性状作为一项根本的预防措施。

参考文献

[1] 张本. 月季群芳谱[M]. 上海 : 上海科学技术出版社, 1998.

[2] 余树勋. 月季[M]. 北京 : 金盾出版社, 1992.

[3] 卢淮甫, 屠省宽, 戴才德. 月季培育[M]. 南京 : 江苏科学技术出版社, 1981.

[4] 陈俊愉, 程绪珂. 中国花经[M]. 上海 : 上海文化出版社, 1990.

[5] 刘海涛, 吴焕忠, 李明仲, 等. 专家教你种花卉——月季[M]. 广州 : 广东科技出版社, 2004.

[6] 刘海涛. 花卉园艺基本技能[M]. 2版. 北京 : 中国劳动社会保障出版社, 2019.

[7] 刘海涛, 苏达明, 刘小冰. 图解月季栽培与病虫害防治[M]. 北京 : 化学工业出版社, 2023.